理系のための

ベンチャービジネス実践論

千葉大学ベンチャービジネスラボラトリー 編

丸善出版

はじめに

千葉大学では、理系の大学院生を対象に「ベンチャービジネス論」という講義を設けています。毎年、4月から7月までの間に計15回の講義を行っています。この講義には学外から講師として、ベンチャーを起業して経営者になっている方や、ベンチャーの起業を支援している方、あるいはベンチャー企業で活躍している方をお招きしています。90分間の1回かぎりの講義ですが、学生の心に火を灯す、あるいは学生の進むべき方向を指し示す話を聴講することができます。

この講義を千葉大学の学生100名だけに留めてしまうのはあまりにもったいないと考え、本にまとめることにしました。この本の中には講師の先生方の人生から導き出された教訓が含まれています。読者のみなさんが、一段落に、一文に、一句、あるいは一語に触発されて、問題に気づき、意識が変化したとすれば、この本を刊行した意義があったと思います。

この本を書棚の一番目立つ場所に置いてください。みなさんが、絶好調のときも、絶不調のときも、たまにこの本を手に取ってページをめくってほしいのです。働き始めた人にも、働き盛りの人にも、働き終わる人にも、へこたれずに生き抜くヒントを与える内容がこの本のどこかに隠されています。

この本の原稿の編集は、丸善出版の熊谷 現氏が担当してくださいました。また、千葉大学ベンチャービジネスラボラトリーを設立から現在までずっと支えてきてくださっている駒井裕子さんが先生方との原稿やメールの連絡役を務めてくださいました。おかげで、心のこもった本になりました。ありがとうございました。

2019年初春

千葉大学ベンチャービジネスラボラトリー施設長

斎藤　恭一

刊行によせて

「ベンチャービジネス」は、アメリカ・カリフォルニア州のシリコンバレーでの多くの成功例から急速に世界中に広まった。彼らの多くは新しい技術や手法をもとにビジネスプランを作成し、投資家（ベンチャーキャピタル）からの資金援助により起業して、大企業に発展していった。日本でも約50年前からベンチャービジネスは活発化し、その分野はエレクトロニクス関連、バイオテクノロジー、医薬品や新素材などあらゆる分野に広がっている。

そして千葉大学に、このベンチャービジネス育成に向けたベンチャービジネスラボラトリーが設立されて20年が過ぎた。この間に、国立大学は法人化され、それまで国の管理下に置かれていた大学の知的財産が、大学法人として独自に管理できるようになり、大学発のベンチャービジネスも活発になっている。

また、従来から日本では、ベンチャービジネスにおける資金調達が、主に銀行などの金融機関に限られていたため、失敗すれば多額の借金を背負うことになり、起業しにくいと言われてきた。そのため日本でのベンチャービジネスには、アメリカなどと比較してより強いベンチャースピリッツとスキルが求められていた。しかし最近になり、国立大学でも独自のベンチャーキャピタルを設立するなど、大学においてもベンチャービジネスの育成環境が整備されつつある。

このような状況のなかでベンチャービジネスラボラトリーでは、大学院生のベンチャースピリッツとスキルの育成に向けて「ベンチャービジネス論」の講義を開講している。そして今回、この講義を担当された方々を執筆者として、これまでの講義の集大成ともいうべき『理系のための ベンチャービジネス実践論』と題した本書が刊行された。

本書は、これまで実際にベンチャービジネスに携わってきた方々から、これまでの経験を基にしたベンチャースピリッツとスキルに関する示唆に富んだ内容が満載されている。本書が、千葉大学ばかりでなく広く日本の若手のベンチャースピリッツとスキルの育成に寄与することを確信している。

2019 年 2 月

千葉大学学長　　徳久　剛史

目　次

第１部　熱い起業家たち

第２部　シーズから起業へ　大学はチャンスにあふれている

第3部　起業を成功させる知識とノウハウ

第 1 部

熱い起業家たち

1 「自分で何かやろう」という思いが起業へ

育てて独り立ちさせる学校

岡本 充智

大学時代、私は繊維学部で中空糸の研究をしていましたが、卒業時の1978年、社会はまさに就職氷河期の真っただ中。苦労の末、前年に誕生した株式会社アシックスに一期生として入社しました。

同社では商品企画からスタートしましたが、入社2年目で行ったアメリカでカルチャーショックを受け、また父親の逝去もあり、「39歳までに独立する」と決心。そしてその準備のために1990年、金融機関系のコンサルティング会社に就職しました。

その後、日本で「インターネットはこれからどうなるのか」と言っている時代にシリコンバレーを訪問。海の向こうの「確実にくる」という感覚を感じ、日本に帰ってくる飛行機の中でインターネット・コンサルティング会社の事業計画書を作成、現在のITマーケティング・コンサルティング会社「株式会社パワー・インタラクティブ」を設立しました。おかげさまで、今では会社も大きく成長しています。

本稿では、私の経験から起業をするにあたっての思いをご紹介します。

就職氷河期の真っただ中での卒業・就職

中空糸の研究をしていた学生時代

学生時代、私は繊維学部だったので、中空糸の研究をしていました。ポリスルホンという材料を使って、それに可塑剤を加えて一定の温度をかけると、穴（ボイド）が開くのですが、その穴を使うと不純物を取り除くことができます。この中空糸が人工透析材料のもとになりました。

研究室には、産学連携に近い形で、民間企業の旭化成株式会社や帝人株式会社などからたくさんの研究者がきていましたね。だから研究設備も割合に充実していました。指導教官がアメリカで研究されていた関係もあり、研究室に来ている民間企業の研究者たちと毎日、一緒に研究をしました。いろいろご馳走になったり、社会人としての話も聞くことができ、よい社会経験をさせていただいたと思っています。

自分がそういう経験をしているので、今もよく学生を飲みに連れていったりしています。家に遊びにくる学生もいます。私の父は学校の教師をしていたので、いろいろな人が家に訪ねてきて、そういう人たちと食べたり飲んだり、正月には大麻雀大会をやったり、若い先生たちの溜まり場にもなっていました。そういう経験があるので、もっているお金を還流させたらいいのではないか、というのが、私自身のスタンスになっています。

アシックスに一期生として入社

1978 年卒業ですので、第 1 次と第 2 次のオイルショックの間です。就職氷河期どころではなくて、多くの企業が新卒を採用しませんでした。そんな状況で、私も 30 社くらいの会社訪問をしましたが、採用を前提では誰も会ってくれませんでした。

そんななか、アシックスは 1977 年 7 月にウェアと靴と用具の三つの会社が合併してできたばかりの会社でした。そのため翌年の 78 年に新卒を採用しようとしたわけです。でも、ほかの会社が採用を控えるなか、若干名でも採用があればと、500 人くらいの応募があり、そういうなかで採用されました。そのときの採用担当の専務が卓球部の顧問で、私も中学から大学まで卓球漬けの生活をしていましたので、それが縁で最終面接まで残ったのではないでしょうか。そう思うくらいうれしかったですね。新しい会社なので自分を成長させてくれる可能性があるだろうと考えていました。

今思うと、この会社で新しいことをどんどんやれたので、可能性のある成長する会社に入るということは、すごく大事だなと思います。今の学生は最初から大きい会社、銀行とか保険とかへ行くでしょう。それは寂しいことですね。最初から大きい会社よりも、一定の企業規模があってこれから伸びる会社を選べばいいのにと思ってしまうのです。

トップ選手との出会い

最初に配属されたのは商品企画でした。基本的にオリンピック競技への対応をする部署でした。陸上競技、バレーボール、サッカー、バスケットボールという4大競技は、競技人口が多くてマーケットが大きいので、そのウェアなどを開発するチームに入りました。ラッキーだったと思います。もともと新しいものを作るのが好きで、学校でも文化祭などで新しい企画をやっていました。

仕事ではオリンピック選手に接することが多くあり、大学を出たばかりの若者が、一流選手の話を聴いたり接したりすることができ、すごく勉強になりました。いちばん勉強になったのは、一流の選手たちはものすごく努力しているのだと知ったことです。それに、彼らは切り替えが上手で、すごい努力をしつつ、遊ぶときは遊ぶのです。

今は筋力トレーニングでも科学的な知識がたくさん取り入れられていますが、当時はそういうものがあまりなかったので、選手たちはとにかくコツコツ練習していました。それがうまくいくかどうかわからないけれど、とにかくコツコツやるしかなかったわけです。

商品開発は失敗の連続

「スポーツアンダー」というスポーツ用ブラジャーの開発担当になったことがあります。ブラジャーですから、私自身はよくわからないし、なかなか選手へのインタビューもしにくくて困りました。また、インターハイや国体に出るようなトップクラスのテニス選手で、ブラジャーのBやCカップで実験に協力してくれる人を探すのも大変でした。でも、たまたまそういう人が見つかって、京都女子大学の被服学の先生と一緒に研究をしました。

モデルになってくれる人の体に線を描いて、いろいろな動きをしてもらいながら100分の1秒の高速度カメラで撮影して、バストがどういう動きをするかを分析しました。そして、撮影したものをデータとして入力するのですが、人手が足りなかったので私も入力作業を手伝いました。そして、その実験でいろいろなことがわかりました。上下動でも、下にはいかないとか、ここから上にしかいかないとか。例えば、バレーボールでもジャンプしたときにバストが揺れるのですが、実は上にしかいきません。だからといって、押さえてしまうとはみ出るわけです。そうではなくて、上のパーツだけを少し強めにするとはみ出なくなります。

それはたぶん男性だからわかったのだと思います。感覚的にわかるということがないので、観察するしかなく、それでわかるのです。結局、テニス用、バレーボール用、そして陸上用を作りました。ところがこれが全然売れませんでした。このときにマーケティングがすごく大事だということを学びました。売れなかったことが私の人生ではすごく勉強になりました。

よい商品でも販売中止になる理由

技術はあって、商品を配ると、選手たちはみんなよいというし、買いたいという人もいるわけです。ならば、アシックスは、強力な販売店網をもっているので、そこに卸せば商品は自動的に売れると考えていたわけです。ところが、そういう小売りのスポーツ用品店のオーナーは、柔道をやっていたとか野球をやっていたというような男性が多いのです。そんな店に女の子が行ってブラジャーは買えないですよね。店のほうでも、グローブやバットのそばにブラジャーを置いて売っているわけですから。唯一売れたのは大阪の阪急イングス、今の東京で言えばロフトみたいなところでしょうか。結局、スポーツ用ブラジャーは売れないということで販売中止になりました。一所懸命にやったのに残念でした。

アメリカでのカルチャーショック

たぶん「ちょっと海外にでも行って気分転換してこい」ということで、1987 年にアメリカへ出張しました。当時、アメリカには、市場を開拓するということですでに何人かが駐在していました。しかし、商品は日本からもって行っていたので、なかなかアメリカ人のサイズに合いません。そこでアメリカ人向けの商品を開発しようということになり、新たにチームが作られました。私はそのチームリーダーという立場で、アメリカに行きました。

当時は、随分感覚の違いを感じました。日本だったら「この納期では難しい」となると、話し合いをしながら納期を調整していきますが、アメリカでは「ここまでにできなければ契約破棄」ということになります。もう少し大人になってほしいなという感じをもちましたが、今考えるとあたり前のことですよね。私たちが甘かったのです。おかげで鍛えられました。

そして最大のカルチャーショックだったのは、アメリカのいろいろな人たちから話を聞くと、カリフォルニア大学バークレー校といった優秀な大学を出た人はみんな自分で会社をやっていると言うのです。逆に、大きな会社に就職するのは優秀でないからだ、と言われました。日本にいると、優秀な大学を出た人は大きな会社に入るのがあたり前と思っていたわけですから、話が極端だとしてもこれには驚きました。

そしてそういう話をしている人たちがみんな、目をキラキラさせていて、すごく元気なのです。アメリカという国は、こういうふうだからパワーがあるのか、すごいなあと思いました。当時私は会社では、同期が少なかったこともあって、順調に出世の階段を上がっていました。「このまま、この会社の役員になるのかな」と真剣に思っていたのです。しかし、アメリカでそういう話を聞いて、何か面白くなくなってきました。そして「自分で何かやろう」と思い始めたのです。当初は、アシックスを辞めて自分で事業を始めるつもりだったのですが、一度サラリーマンになってしまうと、なかなかそれができない。そこでコンサルティング会社に入ればいろいろな業界が見られるのでよいかなと考え、金融機関系のコンサルティング会社を選びました。金融機関系にしたのは、独立するときにお金のことがわかったほうがいいと思ったからです。

コンサルティング会社への転職、そして独立

住友ビジコンへ

当時、金融機関系のコンサルティング会社は、株式会社三和総合研究所と住友ビジネスコンサルティング株式会社（住友ビジコン）の2社しか

ありませんでした。それで、その2社に履歴書を書いて送ったのです。でも、連絡はありませんでした。当時、2社とも表だった求人をしてなかったのだから、あたり前です。それで1カ月後にまた送ったのです。それでも連絡がないので、電話をして「書類を送ったのですが」と聞いてみました。そうしたら、「この業界は人材の流動性が高いので、もう少しお待ちください」ということでした。今ならわかりますが、そのときには「人材の流動性が高いというのはどういう意味だろう」と思いました。欠員がよく出るという意味だったようです。

2週間後、住友ビジコンから連絡がありました。面接に行ったら、これも運よく、そこの部長さんがバドミントンをやっていてインカレに出ていた人で、アシックスのことをよくご存知だったのです。それで面接で採用を即決していただきました。何かを続けてやっていれば運がめぐってくるんじゃないかと思います。

ハードだったコンサルティングの仕事

コンサルティング会社の1年目は、正直しんどかったです。会社の部門の中で仕事をすることと、直接外部の経営者と向き合うというのは、天と地ほども差があると思います。2年目になると、肌が合ったのか、なんとか仕事をこなせるようになりました。入社したときにいちばん言われたのは、1年目はチームの中で一緒にやっていけばいいけれど、2年目からは自分でお客さんを開拓して、自分でセミナーをやって、自分でコンサルティング収入を稼ぎなさいということでした。

月ごとにコンサル収入の成績が出るのです。コンサルティングは1人ではできないことが多いので、ほかの人の手伝いに行ったら貢献度何パーセントとか決まっています。アシックスではそういう競争はやったことがなかったので、2年目もかなりしんどかったですね。3年目からはコツがわかったので、どんどん仕事ができるようになりました。この経験があって独立できたのです。

ノウハウを身につけて「自分で何かやろう」

39歳で独立することは決めていました。早ければ37歳、いくら遅くても39歳までには絶対に独立すると。住友ビジコンにずっといるつもりはありませんでした。だったら、アシックスに残っています。いわば、独立するための修行期間でした。コンサルティングとかセミナーのやり方などいろいろなノウハウを身につけられたと思います。感謝しています。

そしてなにより自信がつきました。辞めるときにはコンサルティング収入が社内でトップクラスだったのです。それはコンサルティングができるからということではなく、お客さんをつなぎ止めたり、新しいお客さんを獲得したりすることがうまかったのだと思います。

私は人間関係が苦手ではないというか、嫌いな人がいないのです。初めて会う人のよいところをパッと見つけて、そこに好意をもつのです。心理学には「好意の返報性」という言葉があって、こちらが好意をもてば相手も好意をもってくれるという意味です。こちらが好意でないものをもてば、向こうも何となくそれを感じるから違うものが返ってくる。そういう「返報性」という原理があるのですが、それについて、小さい頃から鍛えられていたのだと思います。

余談ですが、1年間に、名刺交換をしてきちんと話をする形で300人以上の人に会おうということを独立するときから目標にして、ノートに名前を書いています。2カ月で50人を超えると、1年間で300人を超えるのです。そういう目標を設定しています。もう10年くらい、多いときには年間500人くらいの人にお会いしています。私はそういう目標をもっているので、人と会うのが苦手ではありません。

そういうことで、ビジネススキームはコンサルティングでやることにしました。対象が不動産になるのか保険になるのか金融になるのか医療になるのかアパレルになるのかわかりませんが、とにかくコンサルティングというスキームでやろうと思ったのです。しかし、ただの経営コンサルティングというのでは新規性がありません。そこで、目をつけたのが「IT」でした。そのために1996年、40歳のときにシリコンバレーに1カ月ほど行きました。

シリコンバレーが与えてくれたこと

当時は、シリコンバレーがちょっとホットになった時期でした。ニュービジネス協議会という団体があって、シリコンバレーに視察団を出すという話があったのです。受入れはサンフランシスコ領事館がやってくれるので、インテルも含めてアメリカの西海岸の経済界のメンバーにも会えるということでした。そしてこの訪問は、非常に刺激的でした。日本で「インターネットはこれからどうなるのか」とか言っているのとはまったく違い、海の向こうでは「確実にくる」という感覚をもっていましたからね。だから、帰ってすぐにインターネット・コンサルティングの会社を作ろうと思いました。サンフランシスコから日本に戻ってくるのに11時間くらいかかりますが、その間に飛行機の中で事業計画書を書いて、関空に着いたときにはもうプランはできていたので、すぐに関空から何人かの知人に電話をしました。「今サンフランシスコから帰ってきたところだけど、ちょっと話を聞いてほしい」と。それで半年後に3人で会社を立ち上げたのです。

でも、当時の日本にはITコンサルティングのニーズなどありませんでした。それでも、それは必ずくると確信していました。そこで最初の頃はホームページ制作とか、エクセルやワードの教室などをやっていました。私は自分で自分の生活費を稼ぎながら、無給で働きました。

なぜ無給で働くのか

実は、今もほぼ無給に近いのです。例えば、私が月100万円をもらうとします。もし私がその100万円をもらわなければ、3人の社員を採用できます。その3人を採用して1年経ったときに3人が自分の給料は自分で稼げるようになってくれたら、その次の年も3人採用してと、そうやって人を増やしていけるわけです。そうやってきたのが今の会社です。コンサルタントでこれだけの人数がいるところはそんなに多くはないと思います。システムを販売しているとか、ソフトを作って販売しているということなら人数は多く必要だと思いますが、コンサルティングというのはだいたい1人か2人でやっているでしょう。でも私が給料を取らなければ社員を増やせるのです。

この会社は「10年で定年」

父が53歳で亡くなっていますから、50歳になったら引退しようと考えていました。今は95%を社員に任せていますので、ほぼ引退したようなものです。私がやっていることは、資金がちょっと厳しくなったときの手当てくらいです。それも「大丈夫？」と確かめる程度です。あとは月1回の経営会議に出るのと、半年に2回、全社員と30分の面談を何時間もかけてやることです。それも、もっぱら聞き役となります。

信じて任せることです。任せるしかないじゃないですか。私がもしここで心臓発作を起こして倒れたときに会社が立ち行かなくなったらだめでしょう。今の会社なら、私がここで倒れても大丈夫です。1年くらいの間は、トップがいなくなったことがボディブローのように効いてくるのでしょうが、その間に立ち直ります。トップだけで走っている会社だったら大変ですよね。

私は、この会社は10年で定年と言っています。10年以上いるメンバーもいますが、10年したら独立するか、何人かで組んでもいいから自分でやってほしいのです。その人にお客さんがついていたら、そのお客さんも一緒にもって行っていいとも言っています。当社から独立したのは11人になります。そういう意味で、私の会社は経営者を育てる学校だと思っています。勉強のための勉強をしているわけではないので、お客さんとの接し方とか、トラブルが起きたときの対応とか、全部を実践できるわけです。そういう経験を積んで、10年以内に独立してほしいと思うのです。

自分の時間を大切にしたい人、子どもの面倒を見るとか親の面倒を見るといったことで働き方をフレキシブルにしたい人は、これから絶対に増えてくるでしょう。だから、会社の就業規則によって縛るというのは、あまり人間的ではないと思っています。働き方を変えていかないといけない。当社から独立した人たちにしても、1人や2人でできないことがあれば、

	1978 22歳	1985 29歳	1987 31歳	1990 34歳
出来事	アシックス一期生 ・超就職氷河期に運よく合併したばかりのアシックスに入社 ・スポーツウェアの商品企画担当として競技用の機能性追求ウェア分野配属	新事業開発リーダー ・スポーツアンダーの新規事業プロジェクトリーダーに任命される ・きっかけはコマネチとの出会いと役員との同行海外出張	海外開発担当 ・当時、シューズ中心だったアメリカ市場でウェア事業の拡大を目指し担当に ・企画は日米、生産は東南アジア、販売促進はアメリカと三拠点で活動する	住友ビジコン入社 ・将来の独立を視野に入れて金融機関系コンサル会社に転職 ・石の上にも5年を目標に事業開発、マーケティング、研修講師を経験する
行動・対応	ホンモノとの出会い ・オリンピック選手と直接対話しながら、意見をフィードバックした商品開発 ・あこがれの人々と日常接するなかで、どんな有名人でも1人の人間だと知る	井の中の蛙から脱却 ・KKD(経験・勘・度胸)に頼らない科学的分析データをもとにした商品開発をする ・大学・外部専門会社とのチームワークをまとめることにかなり苦労する	異文化との出会い ・アメリカのスタッフとの日々のハードな交渉に明け暮れる一方で、起業に対する大いなる刺激を受ける ・東南アジアの成長の可能性を肌で感じる	経営者との出会い ・多くの経営者と接することで、経営の難しさと面白さの両面の奥深さを知る ・ハードワークから得られる閾値(いきち)を越える陶酔感も日々感じる
獲得スキル	実行力・継続力 ・トップ選手が陰で努力を日々続けていることを目の当たりにしてチャレンジとは継続と知る ・つべこべ言わんとやる、やったからには続ける	リーダーシップ力 ・新規事業に対する社内の固定観念の殻を破り、理解を求めていくリーダーシップ ・連携プロジェクトを推進していくための社外関係者のコーディネートや意思疎通	ベンチャースピリット ・外国人とのコミュニケーションの土台が形成 ・将来、起業したいという強い火種ができた ・アメリカの起業家の起業ロードマップがイメージされる	コンサルティング力 ・プロジェクト・マネジメントノウハウが身につく ・経営的視点からのバランス感覚も育成される ・短時間でテキスト作成ができるようになる

	1995 39歳	1997 41歳	2006 50歳	2018 62歳
出来事	独立 ・ミック・ビジネスデザインというコンサルティング会社を1人で設立した ・会社設立の業務もスムースにいき、会社を作ることは簡単だと思った	Power Interactive設立 ・シリコンバレー視察でコンサルティングとインターネットの融合を直感 ・知人に声をかけて3人でスタート。最初はWEB制作やPC教室など試行錯誤	権限委譲 ・現場の指揮は執行役員に権限委譲して、資金繰り、資本強化のみに注力 ・執行役員体制を導入してチーム力を強化し、個人に偏らない価値提供を目指す	人材育成事業 ・好きだった人材育成の仕事を本格的に再開する ・今までのコンサルティング経験を基盤として、人材育成分野にて新しいスタイルを築いていく
行動・対応	まずはスタート ・まずは自分の経験を活かせるコンサルティングから、念願の独立に踏み切った ・会社設立の朝、目覚めたときに、組織に属さない爽やかさを実感した	本格的に事業スタート ・従来にないコンサルティング事業とは何かを考え続けていた ・標準化・自動化した診断分析に軸足を置こうと決断した	強い組織を作る ・リスク管理を徹底し、起こるべき問題に迅速に対処できるようにする ・グループ制をとり次期役員候補の育成を絶え間なく行う	ベトナム展開 ・ベトナムの大学と提携して人材育成事業を展開する ・ベトナム留学生を採用しインストラクターとして育て日系企業のベトナム人マネジャーの育成を行う
獲得スキル	決断力 ・周りからは思い切った決断と見られたが、自分は決めたことを実行しただけ ・会社の看板がないなかで、質の高いコンサルティングサービスを提供する	求心力 ・最初は知名度もなく今までの仕事仲間を集めてマネジメントチームを作る ・経営者に魅力があれば優秀な人材は集まることを実感	マネジメント力 ・自分がやれればできることでも、もう一人できる人を育てる気持ちで ・大局観を失わずに、つねにこの先何が起こるかに神経を研ぎ澄ましておく	ネットワーク力 ・今までの人的ネットワークを協力参画していただけるものに育てていく ・事業安定化までの時間がかかることを想定し無理をせず着実に積み上げる

図 1.1　ロードマップ

私たちと一緒にやったらいいわけです。

新たな会社で教育を思う

起業家を育てる事業を開始

2012年10月に株式会社教育総研という会社を作りました。最終的には起業家を育てるような学校を作りたいのですが、まずは学校の先生を対象としました。特に、20代、30代前半より若い先生たちには、いろいろな社会的なコミュニケーションなどを含めて、もっと自信をもってほしい。保護者対応などもこれからどんどん難しくなっていくので、自信をもって対処してほしいと思うのです。だから、学校の先生の研修を始めました（図1.2）。

最近にも30人くらい、今年から学校で教える新しい先生たちに向けた研修をやりました。私自身、専門学校で留学生を対象に毎週月曜日に4コマ、2～5限で1年生と2年生に経営戦略やマーケティングを教えています（図1.3）。火曜日の午前中は神戸の流通科学大学の大学院で、事業プランを作る授業を6年くらい続けています。自分自身が教壇に立つことでいろいろなものが蓄積されていきます。テキストもできてきます。そういうことをコツコツやって、みんなが使えるようにしたいと思っているのです。

教育への思い

父は私を教員にしたかったということもあり、それに近いことをするのがいちばんよいのかなと思っています。小さい頃からそういう世界に触れていましたから、肌で覚えているのでしょう。

私の次男が在学していた学校で、PTAの会長もやりました。その在任期間中に問題が起こりました。そのときにも、大事なのは子どもたちの教育環境を守ることですから、私はきちんと対応しましょうと、学校側や保護者たちと協力して乗り切りました。会社の経営よりも大変でした。そんなこともやったので、どのあたりを押さえれば大丈夫かという感覚はできました。今ではその学校の理事もやっています。先生方にも安心していた

図 1.2　セミナーでの講義

図 1.3　留学生の授業

だけるし、知っている人もたくさんいますからうまくいっています。何でも経験ですね。新しいことでも、どんどんやらないといけません。実際に経験していたら、話をしても説得力があるじゃないですか。

起業を考えている読者へ

起業をするうえで、三つ、重要なことがあると考えています。一つ目は、「ギブ＆ギブの精神でやってくれ」ということ。ギブ＆テイクというと、何かをテイクするためにギブするわけですから、ギブになっていないですね。ギブ＆ギブになると、初めてギブになるわけです。例えば、皆さんのご両親はギブ＆テイクで何かを与えていたのでしょうか。そんなことはないでしょう。ギブ＆ギブであれば、どの人にギブするかを考えるでしょう。ギブ＆テイクだったら、別に相手がどういう人であっても、テイクできればよいわけですからね。

二つ目は、努力しても成功するとは限らない。むしろ、努力しても成功する人のほうがごくまれだということです。それでも一つだけ確実にいえることは、「努力したら必ず成長する」ということです。成功するためには、おそらく成長するほうが可能性は上がるでしょう。だから努力はしてほしいのです。でも、成功できるから努力すると考えてはだめです。

三つ目は、実際にいろいろなことをやってみることです。やってみなければわかりません。そして、何か知識を身につけたり、何かわかったことがあったら、一つでもいいからとにかくそれを実行してみること。そうすると、初めて、自分が知ったことが本当はどういうことなのかがわかります。耳学問ではだめで、あくまでも実際にそれをやってみて「実はこうなんだ」ということがわかるのです。

岡本 充智（おかもと みちとし）

1956 年生まれ、奈良県出身。京都工芸繊維大学繊維学部卒業。株式会社アシックス、住友ビジネスコンサルティング株式会社にて商品開発、新規事業、マーケティング、販路開拓、組織活性化、人材育成に携わる。その後、IT コンサルティングの株式会社パワー・インタラクティブ、教育コンサルティングの株式会社教育総研を設立。ともに代表取締役に就任。

株式会社パワー・インタラクティブ

1997 年 2 月にデジタルマーケティングのコンサルティング会社として設立。新たなデジタルテクノロジーを活用しマーケティングを進化させていきたい企業を支援している。

戦略策定、リード獲得・リードナーチャリングの仕組み作り、それを支えるマーケティングオートメーション（MA）の導入と運用、コンテンツの企画制作、PDCA 効果検証および人材育成・社内組織の確立のプロフェッショナルチームとして、クライアント企業のマーケティング組織、セールス組織のパートナーとなり、ナレッジとノウハウに基づく適切な解決策を提供している。

2 「こんなことといいな、できたらいいな」に挑戦してみる

京都府立医科大学での医工連携の実際

島田 順一

私は京都府立医科大学という医科単科大学を卒業後、病院の外科医を経て、現在は母校に戻り診療と医工連携の研究、そして大学発ベンチャーの取締役をしています。京都府立医科大学は1872年に設立された非常に歴史のある大学ですが、残念ながら工学部はありません。このようななかで行っている医工連携という研究活動ですが、これは大学時代に講義のなかで教わってきたわけではありません。それでも、大学の根底に流れる哲学として「大学人は好奇心と多様性をもちなさい」とつねに言われて教育されてきました。

本章では医工連携、なかでも私自身が経験してきた磁場誘導式ナビゲーションシステム、タッチパネルナビゲーションシステム、LEDの医療応用そして手術に直結したロータリーダイセクターの研究開発、の4件についてご説明いたします。また、特許つまり知的財産権の重要性についてもお伝えできればと思います。

磁場誘導式ナビゲーション

若い頃に非常に小さな肺がんの手術を行うことになりました。その患者さんは肺の胸膜面よりも深いところにがんがありました。内視鏡手術ですので、手術中にその腫瘍を指で的確に触ることができません。また、なかなか腫瘍自体が小さすぎて肺の胸膜面から触っただけでは結節の場所がわかりにくく、結果としてうまく摘出できなかったという経験があります。そのときに、小さな肺がんの位置を特定して、その頃から急速に普及し始めた内視鏡手術のモニター画面上に目的部位を表示することができれば、

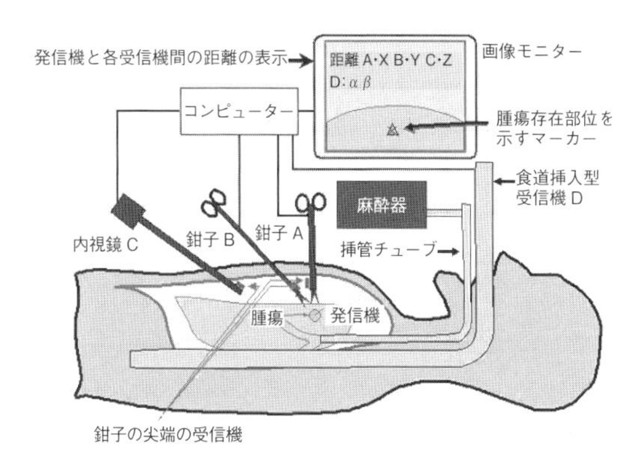

図 2.1　磁場誘導式ナビゲーションシステムの構成図

モニター上の表示されたマーカーを見ながら手術を行い、より確実に小さな肺がんを切除できるのではないかと考えました。このときに着想したアイデアを図 2.1 に示します。肺の中の腫瘍部位の近傍に小さな信号発信装置としての静磁石を留置し、そこから発生する磁場の信号を複数の高感度磁場センサーで感知し、そのデータをコンピューターで処理することでその静磁石の空間位置を特定するというアイデアです。このシステムによって静磁石から磁場を検出し特定し、そして三次元の内視鏡画像上に表示することでモニターに位置を的確に表記できます。このアイデアにもとづき実際にブタに対して内視鏡手術を行い、日本国の特許も取得しました。ですが残念ながら事業化に関心を示した企業は現れず、結局お蔵入りとなってしまいました。

タッチパネルナビゲーション

次はタッチパネルナビゲーションシステムについてです。この研究は先ほどの磁場誘導式ナビゲーションシステムの研究途上で着想したものです。日頃から行っている肺がんの内視鏡手術においては、実際の患者さんの胸につける傷はできるだけ小さくする流れになっています。それゆえ手術のときにモニターを注視して繊細に手を動かして手術を進めることになりますが、手術の操作を指導しているときに、意図することが若い先生に充分伝わらず、思わずモニター画面上の目的とする部位を指で触りたくなることがあります。そもそも、モニターを指で触ってはいけないのですけれども、そこで着想しました。モニターを見て手術を行うのではなく、モニターを直接触って手術をするということが実現できないか、と考えたのです。そこで私は、このアイデアで特許を取得できるかを調査しまとめていきました。日本の発明名称では「遠隔操作システム」外国出願では「リモートコントロールシステム」として出願し、最終的には日本とアメリカの特許を取得しました。欧州特許については特許認可まで進んだのですが、最終的には資金不足で取得を断念しました。

LEDの医療応用と事業展開

京都大学VBL

以上より、私が知的財産権を意識して研究を進めてきたことがおわかりいただけたかと思います。ですが私は医学部の単科大学出身で、知的財産権の講義を受けたわけではありません。

私が知的財産権を重視するようになったきっかけは、私の医工連携と産学連携の原点である京都大学のベンチャービジネスラボラトリー（VBL）での体験・経験です。私が京都大学VBLにお世話になったのは、1999年の暮れ、まさに2000年になろうとする頃です。当時の京都大学はLEDの発光効率の向上に向けたさまざまな研究や開発の活動の中心でした。当時私は、先ほどの磁場誘導式ナビゲーションシステムの物理的な側面を指導していただくために、京都府立医科大学所属にもかかわらず毎週金曜日に京都大学VBLに勉強にうかがっていたのです。ここで私自身は磁場の解析について物理学的に教えていただき、それを実際に当時のWindowsのプログラムでどのように計算できるかという基本的な事を勉強していました。そして、まさにそのすぐ隣にLEDの基礎的なところから研究開発をされているチームがあったわけです。そのチームの藤田茂夫教授から「島田先生。真空管の時代が終わってトランジスターに変わっていったように、光を出す照明の世界も今までの電球フィラメントの時代から、小さな半導体から直接光を効率よく取り出す固体照明の時代へと急速に転換する、つまり21世紀の照明革命が始まろうとしている」と教えていただきました。固体照明と言われましても、外科医の私には何のことやらわかりません。その私に対して「チップ上のp型半導体とn型半導体の間に電圧をかけると、活性層にp相から正孔が、n相から電子が注入される。正孔と電子が再結合すると光が発生する」と説明をしていただきましたが、やはり何のことやらわかりません。

ともあれ、教えていただいた固体照明というのは、まったく割れない。「電球ではないので割れないという点が医療の分野では便利だな、そして今後どんどんと小型化できる点も便利だな」と感じました。

ロンドンで、手術室照明に出合う

ちょうどその頃、学会でロンドンに行く機会があり、テムズ川近くのセントトーマス病院の博物館を見学しました。そのセントトーマス病院の博物館はまさにナイチンゲールの時代、クリミア戦争の時代の手術教育をする部屋を再現していると言われました。この当時の手術室というか、手術の部屋であっても、真っ暗では手術できませんから、採光のために手術室の天井はすべてガラス張りになっており、かつ蝋燭台が天井から吊り下げられておりました。

このような流れは現代の手術室にもつながっていきます。実際に一般的な手術室では、外科医が手術する頭上には無影灯という名の大きなランプが設置されています。京都大学VBLでLEDの照明についての話を聞いた2000年の頃には、手術室のランプは大きなハロゲンランプが主体で、その光は頭に受けると頭が熱くなるというような状況でした。そこで、今までのハロゲンランプなどに置き換わる光源として白色LEDに注目し、LEDの医療照明をテーマとしてやってみてはどうかと考えついたのです。このことを当時の京都大学工学部の准教授であった川上養一先生に相談したところ、先生は夜なべして手製のLEDゴーグルライトというものを作り上げてくれました。当時白色LEDの素子は非常に高価でしたが、それを贅沢に沢山使ってプラスチックゴーグルの両端につけたLEDの照明装置でした。

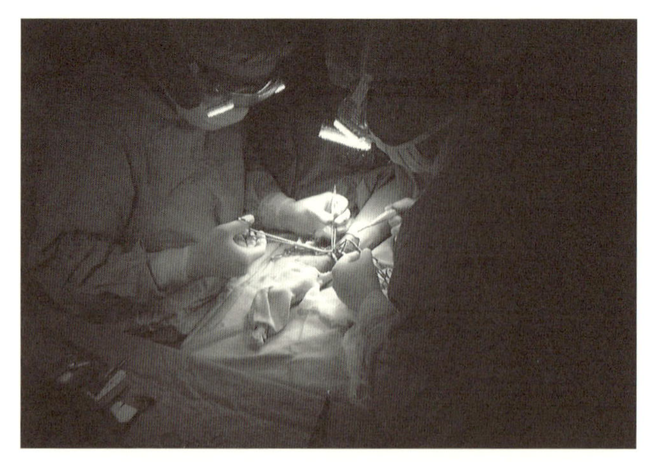

図2.2　LEDゴーグル照明での内シャント手術

LEDゴーグル照明での手術

医療応用ということで実際に使ってみようと思いました。当時は京都府立与謝の海病院、現在の北部医療センターに常勤医として働いておりましたので、局所麻酔の手術に照明装置としてLEDゴーグルライトを利用して手術を行いました。腎臓が悪くて人工透析の必要な患者さんに、内シャント手術という手首のところで細い血管を吻合（ふんごう）する手術をLED照明下に安全に行うことができました（図2.2）。2000年の9月11日のことです。このときに藤田茂夫教授はこの内容を「日本ではなくアメリカの学会で発表してこい」と仰いまして、私としては初めてアメリカに出張することとなりました。そうして参加した、光分野での世界最大級のカンファレンスPhotonics Westで、私は、得られたデータへの考察として、当時の白色LEDを医療で用いると、血液の色である赤色の世界において、非常に色具合が単調な感じがして全体として見にくいことがあると報告しました。このときに共同研究者であった川上養一先生は、この赤色の問題というのは、実は当時の白色LEDは太陽光に比べて波長としては700 nm以上の長波長領域の発光スペクトルが不足しており、これが色の感覚の不具合が起こっている原因であるときっちり補足発言してくれました。当時の白色

LED はまだ青みがかった色しかなかったので、今後白熱球を代替したり、医療など人間の社会活動に必要なより柔らかい光を生み出すには、LED の光がそのような赤色領域の発光スペクトルをいかにして獲得するかということが重要であると認識できたと、多くの聴衆からご意見をいただきました。

ベンチャーの立ち上げ

アメリカの学会から帰国してしばらくすると、平成 14 年度大学等発ベンチャー創成支援制度という研究開発プロジェクトの案内が文部科学省から広報されていました。私自身は知らなかったのですが、当時の研究部長から、「知的財産権のコアがあること、そして技術移転機関の TLO 機関との連携がとれること」などから一度提案書を出してみて欲しいと依頼を受け、書類を書くこととなりました。頭を抱えていると京都大学の藤田教授がいろいろと励ましてくださり、LED の医療応用として全体像をまとめて目指すということで課題を申請し、公立の医科単科大学の助手の職位でありながら非常に大きな額の研究プロジェクトの研究代表として採択されるに至りました。こんなことがあるのか？ と驚きました。

ちょうど当時は小さな粒の白色 LED から将来の車や大きなほかの光の光源とすべく大粒の LED システムの開発に企業が乗り出したところでした。そこで医療用ではそれぞれの LED の粒から出てくる光線をより均質な面を照らす光に変える必要が生じました。数々のレンズの開発をシミュレーター上で行い、光軸などの調整などを行った結果、非球面のプラスチックレンズで光の軸と非球面レンズの光軸を少しずらすことで照射対象物を均質に照射できることがわかりました。この点は、照明装置（特許第 4488183 号）となって成立しています。

このようにして大きな研究費をいただき、実際に社会で役に立つ LED 照明装置をベンチャー企業として将来やっていけるように開発するという、ある意味で大学人には非常に難しい設定の事業でありました。通常の研究レベルの試作開発では、将来的な商品化の視点がなかったことが多く、試作も一品物の観点でコストや実際に量産するときの問題点を考慮することがなかったことに、この支援事業課題に向き合うときに気がつきました。また、実際に製品化するさいには、非対称非球面レンズも1枚1枚作るわけにはいかないため、正確なシミュレーションのうえで金型を起こし、そして正確にアクリルでレンズを作ることとなりました。また、LEDの光源の供給があっても、そのLEDを支える放熱性に優れた基板の表面の各電子回路、一番問題となった放熱性に優れたアルミニウム合金の表面にLEDそのものを接合するときの条件、そしてはんだの量など実際の検討を事業として進めなければLEDモジュールの実際的な開発には至りません。これらの検討（最終的にはLED照明システム（特許第4124638号）となって成立）は大きな経験となりました。つまり大学での研究の一環としてものを作る「試作」レベルの「ものづくり」と違って、企業が実際に市場に投入するレベルの「商品」としての製品の耐久性および製造のしやすさなどの実務性の担保が大変重要であることに気がつきました。

このプロジェクトでは大学等発ベンチャー創成支援ということになっていましたので、将来的に実際に使えるレベルでの大光量のLEDモジュールを一気に試験生産してみる必要がありました。ロット数では約2,000枚と破格の生産量でありました。金型を起こすので、このぐらいの数を見込まないといろいろな企業も「会社の仕事」として数字を切り詰めて見積もりを出してくれるということに至らなかったのです。

祇園祭とLED

実際に大量のLEDモジュールができてきたのですが、いきなり手術室にどんどんつけるというわけにはいきません。さて困ったなと思っていると、京都という土地柄のせいか「LEDの新しい光を祇園祭で使ってくれないか」という話が舞い込んできました。この話はとんとん拍子に進み、2004年夏の京都の祇園祭で菊水鉾保存会の大変な協力のもと山鉾のLEDライトアップが実現しました（図2.3）。なにせ祇園祭初の固体照明でのライトアップ、しかもLEDという次世代の照明によるものでしたので各種メディアに取り上げられ、大いに盛り上がりました。やはり何事も一番

図 2.3　祇園祭での LED ライトアップ

が大切だと思いました。

さて原理原則にかえると白色 LED の光の特徴は何だと思いますか？白熱球やハロゲン球は赤外線の部分のスペクトラムがあります。つまり熱があるのです。さらに太陽光には波長の中に紫外線も含まれており、それが対象物を劣化させることになります。LED の光というのは基本的に波長の幅が可視光に制限されています。このことからいろんな用途に多目的に調整した光を作れる可能性があるわけです。このなかで注目したのは赤外線がないという性質でした。赤外線というのは熱の原因になります。また、紫外線も出ていないので、ものを劣化する作用が少ないというところが大きなポイントではないかと講演会で話をしておりました。そうすると、あるとき電話がかかってきました。

文化財とLED照明

電話は京都清水寺の総務部長さんからでした。「先生、面白いことやっているそうやけども、どんな光なんか一回説明に来てもらえませんか」という話で、清水寺にうかがうこととなりました。当時清水寺では秋の夜間拝観が有名だったので、真っ赤な紅葉をきれいにする光をなんとか出せないものかというプレゼンをしたところ、「散っていくようなものをわざわざ一所懸命照明しても仕方ないでしょう。もうちょっと工夫を」と言われました。さてさて、いろいろ考えたところ、そうだそうだと思いつきました。当時の清水寺の一番入り口の部分にある仁王門の阿形吽形像は真っ暗の中に設置されていました。つまり夜になると真っ暗になっていたわけです。清水寺の阿形吽形の仏像は重要文化財であり、それゆえに強いハロゲンの光などを当てると木像が乾燥し痛んでしまう、ということで照明することは差し控えられていました。同様に清水寺の本堂の内々陣に多くの仏像が安置されているのですが、それらの仏像も暗闇の中に置かれていて実際に人の目に触れることは難しかったのです。このことに気がついた私は、仁王門の仁王像の照明と、そして本堂の内々陣の仏像の照明に当時最新鋭のLEDの光を使わせてほしいというお願いをしました。

ある年の秋の夜の特別拝観で、LED照明を用いて照らし出された仏像を目にされた拝観者の方から「綺麗だ」という声をいただき、かつ、内々陣の照明も中の仏様が見られてありがたいというお声を多くいただきました。この拝観者の声を受けて、実際に大容量のLEDモジュールが実社会でお役に立つという場面を文化財のLED照明という分野において「世界で初めて」得ることができたのです。

今までのハロゲンランプでは照明器具の付け根の部分の温度は200℃近くに上昇し熱くなります。それに比べて清水寺内々陣のLEDモジュールでは外気温が17℃のときに30数℃程度で温度上昇はきわめて低く、コントロールすることができました。このことは衣類に化学繊維が多く使われ、埃の中にも多くの化学繊維が含まれているので電子回路への埃のトラッキングなどからの発火などに神経をとがらせる関係者にLEDモジュールは温度の面で有用と受け入れられました。

このことをきっかけに、ベンチャー創生支援事業の一環として2005年にYANCHERS株式会社を設立し、LED関係の事業を手がける会社として設立するに至りました。

ロータリーダイセクター

次に、肺がんの手術を安全にしたいという思いで開発をしたロータリーダイセクターについてご紹介します。これは多孔質の高分子樹脂を用いて組織把持力と形状安定性の向上をはかるということで開発を進めてきたものです。この件も、基本的な進め方としては、知的財産権をまずきっちりと押さえたうえで、研究経費として経済産業省課題解決型事業補助金を獲得し、その資金を開発費に使って実際に使える商品を生み出してきました。

アイデアの種は実際の手術医療の気づきのなかにありました。肺の手術では肺を押さえるという手技があります。肺は柔らかい臓器ですが、その表面が血液などで湿潤すると、先端が丸い綿球になっている旧来の剥離子は、容易にツルツルと滑ってしまっていました。

肺を保持する手術道具としてはチェリーダイセクター、成毛式ソラココットンなどの道具があるのですが、いずれも先端が丸い綿球でできており、容易に滑ってしまいます。そんなあるとき、車のカタログを見ていたときにひらめいたのです。車のエンジンでロータリーエンジンというものがあります。エンジンの中を三角形のおにぎりのようなローターがくるりくるりと回りながらエンジンとして動いていくわけです。そこから、今まで丸い綿球であった先端を、エッジの効いた多角形にすればよいのではないか、そうすれば把持力が上がるのではないかと考えました。この考えをもって企業と連携し知的財産権を押さえたうえで展開することとしました(特許第5236353号、剥離器具)。形状を安定化させること、そして表面に小さな穴をもった多孔質材料として綿と同等の吸水性をもたせるために超高分子量ポリエチレンに注目し開発をすることとなりました(図2.4)。

これまでは呼吸器外科領域の12 mmの先端径の製品だけだったのです

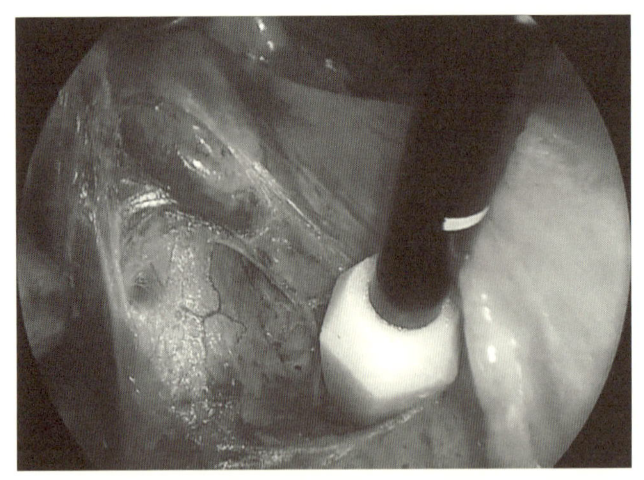

図 2.4　肺がん手術操作でのロータリーダイセクター（12 mm）

が、腹部外科領域の医師からの希望もあり細い径 5 mm の型を開発し販売にこぎつけました。そうしたところ消化器外科、産婦人科および小児外科領域で好評となり結果としてお役に立てることとなりました。

Team In KYOTO

最後に Team In KYOTO について紹介します。さまざまな企業と医工連携で仕事をしてきたわけですが、思いついたテーマごとにいろいろな企業さんを探して個別に交渉することが多く、苦労することがありました。また別のタイミングでは京都の中小企業の方が、医工連携の活動について助言をしてほしいということで大学にお越しになることもありました。したがってかねてから医工連携のことをすべて盛り込んだ勉強会をできないものかと思っておりました。「オープンイノベーションへの挑戦」ということで、まずは自分がやってみようと「京都組」、すなわち英語で「Team In KYOTO」勉強会をスタートしたわけです。

Team In KYOTO の生まれるきっかけとなったのは、京都府商工労働観光部そして京都産業 21 が主催していた「地域産業育成産学連携推進事業」でした。これは「京都の中小企業と連携することで何か医工連携の活動が始まらないか」という単年度の事業です。私はそこに、エネルギーデバイスという超音波振動で血管や体の組織を融合させながら切っていく道具に革新をもたらす技術を提案してみよう、と挑んだわけでした。

経費が非常に限られていたので、京都の中小企業が得意としていた加工技術を用い、先端のブレードの部分に 20 μm レベルの非常に小さな微細加工を施す部分に集中して開発したところ、アメリカ製の医療機器よりも効率よく融合させることができ、その成果を論文としてまとめました。このときに、医工連携で集まった企業チームが単年度予算ということで終わってしまうのはもったいない、という意見が出たのです。そうして京都を中心とした製販一体の医療機器開発プロジェクトチームを作ってみようということで、オープンイノベーションの実務組織を目指して 2015 年に勉強会を設立しました。

年会費は 6 万円とし、初年度は 13 社の参加を得てスタートしました。その後参加企業は着実に増え、2018 年の冬現在では合計 22 社になっています。京都のみならず、信州、東京方面の企業さんの参加を得て幅広く情報交流が根づきつつあります。

私たちのチームのなかで重要だと思うのは、オープンイノベーションです。工学的な知識や技術の改良により新しい技術や製品ができることを、イノベーションと言うこともできますが、それはある意味でテクニカルイノベーションにしか過ぎないと思います。それだけでは売れない、というか商品にたどり着いていない気がします。

その点、Team In KYOTO には、ものを作る技術に長けた企業、電子部品に強い企業、優れた金型を作る企業、防磁フィルムを作る企業、医療機器を販売することに長けている企業、中国の医療系企業も参加されており、多様性のある視点での意見交換が進んでいます。

好奇心をもって多様性のある組織運営をすることにより、新しいオープンイノベーションとしての知恵の活用を皆が目指しているように思います。2018 年現在で 3 年目に入って promotion センスをもって試行錯誤しながら進んでいこう、としているところです。

……………………………………………………………………………………

島田 順一（しまだ じゅんいち）

1962年生まれ、大阪府出身。京都府立医科大学医学部卒業、同大大学院医学系研究科外科学専攻課程修了。医学博士。大阪府済生会吹田病院心臓血管呼吸器外科、京都府立与謝の海病院外科技師、京都府立医科大学助手、講師を経て現在、京都府立医科大学大学院医学研究科呼吸器外科学病院教授。専門は外科学、呼吸器外科学、医用工学。YANCHERS株式会社取締役、国立長寿医療センター老化機構研究部客員研究員を兼任。

YANCHERS株式会社

2002年度の文部科学省による大学等発ベンチャー創出支援制度に採択され、2005年に設立。21世紀の照明革命を担う白色LEDの医療への展開を探るなかで、文化財照明への応用展開やLED照明装置に関する日米の知的財産権を取得。このときの経験から医療と企業の技術を的確に融合することで新たな価値を社会に還元することができると確信し起業に至っている。日本の医工連携におけるコンサルティングサービスでは、医療機器の開発に取り組む企業に対して、知的財産権の重要性を鑑みながら、提言と戦略、立案から実行まで一貫してさまざまな角度から総合的なコンサルティングを提供している。

3　地域イノベーションのための研究成果活用型ベンチャー

田島 翔太

なぜ、今「地域イノベーション」なのか

2014 年 5 月、日本創成会議による「消滅可能性都市」というレポートが話題を呼びました。全国に約 1,800 ある市区町村のうち約半数の 896 市区町村が、2040 年時点で 20 歳から 39 歳の女性人口が半減し、消滅する可能性があると指摘したのです。特に人口が 1 万人を切る 523 の自治体は、とりわけ消滅の可能性が高いとして警鐘をならしました。

戦後、高度成長期を経て人口が増え続けた日本は、2008 年に 1 億 2,808 万人に達しピークを迎え、人口減少社会に突入しました。平成 24 年 1 月推計の「日本の将来推計人口」によれば、このままのペースで人口減少が進むと、2060 年時点で総人口が 8,674 万人となり、2008 年のじつに 3/4 程度にまで落ち込むと推測されました。さらに、2110 年には 4,286 万人となり、人口 3,000 万人といわれた江戸時代の水準にまで近づくと予測されました。

人口の変化は、地域にどのような変化をもたらすのでしょうか。私は人口 7,000 人あまりの千葉県長柄町というところに移住し、地方での生活を体験しながら地方創生に従事しています（図 3.1）。長柄町は農業を主産業とし、コメをはじめ、イチジクやタケノコといった地域産品が作られている自然豊かな町です。もともと人口が多かった地域ではありませんが、近年は子どもの数が減り、一部の小学校が廃校となりました。主産業である農業は高齢化や後継者不足により、田畑を手放す人も増えています。そのような田畑は耕作放棄地となり、イノシシなどの有害獣の棲みかとなっ

図 3.1　長柄町の工房で地域資源活用の調査をする学生たち

ています。町からは商店が撤退し、公共交通は縮小したため生活が不便になりました。これまで地元の方々で大切に引き継がれてきたお祭りが途絶えてしまった地区もあります。このように、人口減少が地域の衰退を呼び、地域の衰退がより一層の人口減少につながる「負のスパイラル」に陥っています。この負のスパイラルは長柄町に限られたことではありません。人口減少に悩む地域では同様の課題があり、今後ますます顕在化してくるのです。

人口減少の直接的な要因は、出生数の減少と合計特殊出生率の低下です。しかし、出生数や出生率の問題は今に始まったことではなく、1970年台半ばから長期的に減少しています。2017年の出生数は94万6,060人と過去最低となり、出生率も1.43の低水準でした。そして、東京都や周辺の都市圏に人口が集中する「東京一極集中」によって低出生率・低出生数が助長されています。なぜなら、出生率には大きな地域差があります。2017年の出生率の全国平均は1.43でしたが、沖縄県は1.94、宮崎県は1.73、島根県は1.72と比較的高い出生率を維持しています。一方、東京都は1.21でもっとも低く、いわゆる東京圏という括りになる埼玉県が1.36、神奈川県が1.34、そして千葉県が1.34と低水準にあります。そして、このような低出生率の東京圏には過去5年間で毎年10万人から12万人程度の転入超過が起こっています。すなわち、地方から人口を吸い上げているのです。意外に思われるかもしれませんが、名古屋圏や大阪圏も大都市でありながら、過去5年間の転入超過はほぼゼロで、東京の「一人勝ち」なのです。転入超過の主な年代は就学や就労で上京する15歳から29歳までのいわゆる若者世代です。ただでさえ日本全体の出生率が低下するなか、晩婚化や子育て問題などさまざまな理由で超低出生率となっている東京圏に若者が集まり、より人口減少に拍車をかける状況になっているのです。

人口減少問題と地方の過疎化は、はたして他人事でしょうか。経済の中心が東京圏であることは事実です。しかし、その東京圏も地方から就学や就職によって集まった多くの若者に支えられています。また、エネルギーや食糧など、私たちの生活に必要なものの多くは地方で生産されています。地域イノベーションによって地方の課題解決に取り組むことは、地方の活性化だけでなく、私たちの未来の暮らしを考えることでもあるのです。

大学による地域イノベーション

そのような背景のなか、2014年に「まち・ひと・しごと創生法」が施行され、国をあげて本格的に人口減少問題に取り組むことになりました。千葉大学は、文部科学省の「地（知）の拠点大学による地方創生推進事業（通称COC＋）」に採択され、人口減少が続く千葉地方圏の自治体や企業と協働し、地方での産業振興、雇用創出、若者定着に取り組み始めました。同時に、地域イノベーションに挑戦する学生を育成するための「地域産業イノベーション学」という副専攻プログラムを開講しました。

そこで改めて千葉県をよく観察してみると、「日本の縮図」であることがわかりました。千葉県は、東京のベッドタウンとして人口流入が続く都市圏と、特に若年層の人口流出が著しい地方圏をあわせもっています。都内から千葉大学に向かうと、市川や船橋のベッドタウン、幕張の国際会議場やタワーマンション、海浜地区の住宅団地、その先に広がる工業地帯といった都市圏の姿がよくわかります。実際に千葉県の人口約614万人のうち2/3が、圏央道の内側にある都市圏に住んでいるのです。一方、海外

図3.2　リソル生命の森

出張で成田国際空港に向かっていくと、千葉駅を越えた途端に急に田園風景が広がり、豊かな自然環境が多く残る地方圏の姿に気づきます。千葉県の人口動態をより詳しく調べると、20歳から24歳のいわゆる大学卒業の世代では、市川市、船橋市、千葉市といった東京に近接する都市圏で転入超過となる一方、40以上の市町村では転出超過となっています。すなわち、人口減少の要因の一つである若者世代の地域間移動が千葉県内で顕著に表れているのです。

このような特徴は、都市の研究シーズを地方に還流し、地域の強みを活かした地域イノベーションの推進につながります。その一つが、長柄町で行っている大学連携型CCRC（continuing care retirement community）です。CCRCは、都市の元気な高齢者が地方に移住し、健康でアクティブに暮らす、アクティブ・シニア向けのコミュニティをつくる地方創生事業です。長柄町には、年間40万人以上が訪れる民間の総合健康スポーツ施設「リソル生命の森」があります（図3.2）。ホテルとコテージからなる充実した宿泊施設、ソウルオリンピックの事前合宿地として建てられた本格的なスポーツ施設、アスレチックやレストランなどのレジャー施設が整っています。平日は周辺の住民や合宿利用の学生たちが集まり、休日はレジャーに訪れたファミリーで賑わいます。人口7,000人ほどの小さな町に多世代が集まっているのはまさに地域の資源であり、強みなのです。このリソル生命の森を軸とした長柄町版大学連携型 CCRC を構築することで、東京から元気なアクティブ・シニアが移住し、町の活性化につなげられると考えています。

研究成果活用型ベンチャーとしての自立

国の補助事業というのは一般的に期限が決まっていて、年々補助金が減少するという仕組みになっています。ところが今長柄町で取り組んでいる CCRC のように、地域イノベーションは 1 年や 2 年で成果が出るものではありません。そこで千葉大学では継続的に地域イノベーションに取り組めるよう、COC＋の出口戦略として地域シンクタンクをベンチャーとして立ち上げるスキームを描きました。しかし、COC＋で地方の課題解決に取り組んでいると、地域のニーズに対して、大学の既存の仕組みでは達成できない多くの課題が見つかりました。そこで、計画を前倒しし 2017 年から本格的に地域シンクタンクの検討を開始し、2018 年 4 月に株式会社ミライノラボを設立しました。

既存の仕組みで課題となったものの一つは、自治体との連携です。COC＋の枠組みで大学と自治体が連携するためには、各自治体が策定する地方創生総合戦略に大学との連携を記載する必要があります。また、協定を交わし、コストシェアすることで、一丸となって地方創生に取り組まなければなりません。ところが事業を進めていると、COC＋に参加していない自治体からも大学と協力したいという要請が増えました。このような自治体はさまざまな理由で総合戦略の改定や協定の締結ができないのです。また、自治体が大学に求めているものは必ずしも世界水準の研究成果ではなく、学生による地域課題の発掘といった、外からの視点の導入でした。

次に見えてきた課題は、地元企業との連携でした。地域の産業振興において、地元企業との産学連携は技術やサービスの開発による付加価値向上が期待できます。その結果、地域に雇用が生まれ、若者定着につなげられる可能性があります。千葉県内には多くの企業がありますが、地方の地元企業の多くは、都市の大企業に比べて拠出できる研究費が少なく、研究したいテーマも漠然としています。大学の研究者は基本的にある研究に対して狭く深く追求しているので、「わが社はこのような技術をもっているので大学と何か新しい開発ができないか」という漠然とした問いかけでは、産学連携のマッチングが困難なのです。そのほかにも、学生と一緒に商品を企画したいという要望も多いのですが、学生の教育や研究に結びつかないと研究を受託することは難しい場合も多いのです。

最後に課題となったのは、地域での学生の活動です。私たちは大学の教員として授業を通じて学生に地域活動の場を提供しています。しかし、授業が終われば学生は地域との接点がなくなります。授業をきっかけとして学生が主体的に地域で活動することが望ましいのですが、そのためには同じような意思をもった学生たちが集まる必要があります。授業が違えば学生たちも顔を合わせる機会がなく、地域活動のための学生たちの横のつながりが希薄となっていました。なにより、地方での活動は時間的にも金銭的にも大きな負担であり、授業や地域活動という位置づけだけで地域との関わりを継続していくことは困難でした。

このように、大学として千葉県内の地方創生を推進し、学生とともに地域の未来を考えていくうえで、既存の仕組みだけでは限界がありました。大学は大きな組織であり、すぐに規定や仕組みを変えることは困難です。ビジネスの視点で考えれば、自治体や企業のニーズに応えられていないともいえます。そこで、まず自分たちでベンチャーを立ち上げ、自治体や企業のニーズに応えながら若者に仕事として地域活動の機会を提供し、ひいては地域イノベーションへと結びつけることはできないかと考えました。これは、大学と地域と若者が連携した新しいビジネスです。

事業計画なきベンチャー設立

私は大学院時代に「ソーラー・デカスロン」という国際大会に参加していました。ソーラー・デカスロンとは、太陽光住宅（ソーラー）の十種競技（デカスロン）という意味です。学生が主体となって次世代のエネルギー自立住宅を設計し、ヨーロッパをはじめとした国際舞台に運んで実物

図 3.3　2014 年ソーラー・デカスロンフランス大会でベルサイユに建設した「ルネ・ハウス」

を建設します。そして、実測やプレゼンテーションで世界各国の代表校とともに省エネルギー技術やデザイン力などを競います。千葉大学が日本で初めての参加校となり、私はリーダーとしてプロジェクトを推進する役目を担いました。参加するためには渡航や建設に 1 億円程度の資金が必要だったため、スポンサーを集めねばなりません。広告代理店でプレゼンテーションのスキルを学びながら、住宅関連の企業や銀行の代表を回って資金集めに奔走しました。学際的なプロジェクトとなり、大学では当時の齋藤康学長をはじめ医学部から園芸学部まで多くの教職員の方々に協力を依頼しました。いつしか新聞やテレビにも度々出るようになりました。結局博士課程を留年してしまいましたが、自分のやりたいことを実現するための人脈作りやプレゼンテーションのノウハウを実践的に学びました。

株式会社ミライノラボの起業は、ソーラー・デカスロンほど規模が大きくないものの、ゼロをイチにする試みという点は共通していました。しかし、COC＋という実績がありながら、国の補助事業を自立化させてマネタイズするのは、まったく新しいビジネスモデルを作るに等しい作業でした。指定国立大学では大学が出資し、シンクタンク機能をもつ法人を開設する事例はありましたが、地方大学で教員が自らの資金で株式会社としてのシンクタンクを立ち上げる事例は見つかりませんでした。ビジネスにおいて類似した事例を研究し自社の強みを分析することは必然ですが、その方策が練られなかったのです。これは、事業計画を立てるうえで障壁になっただけでなく、学内での事前説明が困難な状況をも引き起こしました。大学にもよりますが、海外では大学が利益を上げることや、教員が会社を作り研究にも還元する仕組みは珍しいことではなく、むしろ推進すべきだと考えられています。一方、日本では研究成果を活用し、大学の教員が在職中に発起人として起業することは未だにごく稀で、起業の許可を得るのが難しいのです。

ビジネスモデルを練るために、ソーラー・デカスロンでお世話になったスポンサーの方々にお会いしました。大学や自治体が連携するビジネスは、経験豊富な経営者の方々であっても特殊な事例だったようで、なかなか理解が得られませんでした。よく指導を受けたのが、「もっとシンプルに」ということでした。ビジネスの中身は複雑な仕組みであっても、10秒で納得させられるシンプルさが必要でした。やはり、ビジネスのアイデアを実際に起業という形で落とし込んでいくプロセスは想像以上にハードルが高いのだと実感しましたが、面白い経験でもありました。学内では、初めての手続きに対して異論を唱える声もありましたが、一つひとつ丁寧に説明を重ねていくことで徐々に形になっていきました。企画書を何十バージョンと更新していく日々が１年近く続きましたが、最終的に2018年４月設立を目標として決め、登記の準備や大学への兼業申請を進めました。

起業して初めての受注

「ミライノラボ」という社名は、「未来」と「イノベーション」と「ラボ(研究所)」を掛け合わせた造語です。主な事業は地方自治体や地元企業をターゲットとした実践型コンサルティングですが、大学と連携した若者の参加を強みとしています。若者が地域に入り込み、地域課題に実践的に取り組むことで、地域や企業に新しい発想を生むだけでなく、若者は収入を得ながら課題解決に主体的に取り組むことができます。なにより、地方は

図 3.4　鴨川市の総合運動施設

若者のトライ・アンド・エラーが許される場所です。多くの若者に挑戦する現場を与えたいのです。

晴れて起業を果たすと、思わぬ反響がありました。私たちが想定していたよりも、若者の力を借りたいという声が大きかったのです。起業して初めての仕事は、千葉県鴨川市のスポーツによるまちづくりを支援する業務でした。鴨川市は房総半島の南東に位置し、海水浴や鴨川シーワールドをはじめとした観光地というイメージが強いと思います。じつは全天候型の体育館を備えた総合運動施設やなでしこリーグで活躍するオルカ鴨川 FC といったプロサッカーチームが活躍している、スポーツがさかんな地域なのです。プロポーザルでは、市が抱える課題や目指す将来像に対して、若者の参加による地域間連携と関係者によるチームプレーを提案しました。今、地域イノベーションで求められているのは周辺自治体との協働による相乗効果です。自治体の業務として考えると行政域を越えることに躊躇してしまいますが、スポーツを楽しむ人たちにとっては関係ありません。鴨川市ではサイクルツーリズムを中心として、若者が行政域を越えて活動し、みんなで楽しみながら健康増進につながる仕掛けを増やしていっています。また、株式会社ミライノラボが中心となり、住民や自治体職員の方々とチームを組むことで、スポーツによるまちづくりの醸成に努めます。これらの成果が出るのは5年後、10年後かもしれません。今まさに大学と地域と若者が連携した地域イノベーションの新しい取り組みを始めたところです。

起業を考えている読者へ

アントレプレナーにとってもっとも必要なことは、謙虚さと感謝する気持ちです。

地域イノベーションの現場には、住民、職員、企業経営者、農家、学生、自治会長など、さまざまなステークホルダーがいます。そのようななかに大学の教員や学生が入ることで化学反応が起きるわけですが、地域の主役はそこで日頃から活動されているステークホルダーの方々です。彼らが最大限の力を発揮できるように、自らの立場を見極めて謙虚に行動するようにしています。また、地域イノベーションの現場では多くの首長とお会いする機会があります。その背後には夜遅くまで働き、やりたいことを実現しようと努力してくださる関係者の方々の尽力があります。直接お会いすることがなくても、感謝の気持ちを忘れないようにしています。

皆さんも、日頃から謙虚さと感謝の気持ちを忘れず、つねにアンテナを張っていれば、必ずアイデアを活かすチャンスがやってきます。

最近、「副業（複業）」という言葉をよく聞くようになりました。これまで企業にとって副業は悪いことだと考えられていましたが、多くの会社員や公務員においても副業が認められる時代に変わりつつあります。その理由は、勤務時間外にあえて違う分野に飛び込むことで新しい視点やノウハウが手に入り、企業にとってもプラスになると考えられ始めたからです。そのような時代において、起業は決してハードルの高いものではなくなりました。たしかにベンチャーを立ち上げることはリスクもあります。多少の資金も必要です。しかし、副業がより一般的になってくると、安定した収入を得ながらリスクの低減した起業にチャレンジすることもできるようになります。むしろ、就職した企業に一生世話になるのではなく、自分の未来は自分の責任として考えるべき時代になってきています。

今、社会は大きく変わろうとしています。人口が減り、少子高齢化が進み、国境はボーダレスになっています。私は台湾の人たちと年に数回交流しています。台湾でも、人口減少問題と地方の活性化が大きな課題となっているのです。課題解決に国境はありません。皆さんもぜひ、世界の人々の役に立てるような新しい時代のアントレプレナーを目指してください。

……………………………………………………………………………………

田島 翔太（たじま しょうた）

1984 年生まれ、東京都出身。カナダの高校を卒業後、トロント大学を中退。帰国後、千葉大学工学部デザイン工学科に入学。2015 年大学院工学研究科建築・都市科学専攻建築学コース博士課程を修了。工学博士。学生時代はエネルギー自立住宅の技術を競う大学対抗国際大会「ソーラー・デカスロン」の日本代表チームリーダーとしてスペインとフランスで実験住宅を建設。2015 年より千葉大学コミュニティ・イノベーションオフィス特任助教。国や自治体、地元企業と連携した大学による地方創生事業に従事。2018 年より株式会社ミライノラボ代表取締役 CEO および長柄町タウンアドバイザー（内閣府地方創生人材支援制度）を兼務。

株式会社ミライノラボ

千葉大学による文部科学省「地（知）の拠点大学による地方創生推進事業（COC＋）」からスピンオフした研究成果活用型ベンチャー。地方創生のための実践型コンサルティングを目的とする。2018 年 4 月 18 日設立。若者が主体的に参加し、地域のあるべき姿を考え、課題解決のための方策を検討・実践することを特徴とする。

4　ベンチャー起業という「偶然」から動き出した未来

森 健一

もう一昔前の話になりますが、世間がミレニアムに湧く 1999 年末、私は大学時代の友人から、バイオベンチャー起業の誘いを受けていました。

その頃の私は、学生時代から抱いていたミュージシャンへの志を道半ばで諦めてから、夢も目標もないままに、塾講師で生計を立てる暮らしが数年続いている時期でした。惰性で続くそのような生活から抜け出すための何かを、自分で探し出すというのは想像以上にパワーが必要で、その頃の私にとって、なかなか簡単なことではありませんでした。

そのような折、わけのわからない発酵物をリサイクルで作って畑にまいたり動物に食べさせたりする技術？でベンチャーを興す、などという彼の誘いは、ロジックで動くべき理系人間の端くれとしては、まともに考えて到底受け容れられるものではありませんでしたが、何度もしつこく話を聞かされるうち、今の怠惰な（ユルい）生活からきっぱりと決別するための、またとないチャンスかもしれない、という気持ちの自分がいつしかそこに現れていました。

2000 年 6 月 21 日、その誘いをくれた宮本さんとともに立ち上げた会社が、日環科学株式会社というバイオベンチャーでした。起業時に私たちにあったのは、発酵で「好熱菌」という微生物を産み出すという、奇妙なシーズ技術だけ。お金も地縁もまったくないなかでスタートしたちっぽけな会社が、やがてさまざまな大学との共同研究、大企業との連携、国のプロジェクト研究費の獲得などを経て、ビジネス生態系を構築していった「駆動力」を、本章では概観していきたいと思っています。そのなかで、私が大切に思い描いてきた「コトづくり」の発想、すなわち「技術から売れる製品を作り出すこと」を目指すのではなく、「人、組織、あるいは社会が私たちの技術を受け容れることで豊かになっていく仕組みをデザインすること」を目指していくんだ、というイメージの一端をお伝えすることができれば幸いです。

「競争」から「共創」へのパラダイムシフト

私たちが起業したミレニアムの前後を境目にして、企業の戦略の方向性が「競争重視」から「共創重視」へと、確実にシフトしてきています。2000年以前の企業戦略の中心となる考え方は、ポーターの「5フォースモデル」に代表されるように、外部企業への顕在的あるいは潜在的な対抗策、すなわち生き残るため、勝つための方法論でした。企業としては、他社よりも有利な条件で仕入先・販売先と契約するか、差別化された製品を開発して他社よりも多く売る、つまり業者間の競争を制することが成功に不可欠な条件だと考えられていたわけです。

ところが2000年代に入ると、インターネットの急速な普及と回線の高速化（ブロードバンド化）で情報の伝播速度が飛躍的に向上しました。このことによって、一般消費者にとってのネット通販の隆盛と同様に、企業の調達活動に関わるあらゆる有用情報へのアクセスが改善し、より有利な(安くて品質のよい）取引先を、これまでのようにローカルな限定された場面から選ぶのではなく、広く世界からチョイスできる可能性が拡がることになりました。一方でそれは、自分たちが買う立場のみならず、売る立場においても、グローバルな競争のなかで比較優位をとりづらく、かつ単価そのものが安くなる方向へと世界市場全体が向かっていくことを意味していました。企業の戦略トレンドが「競争戦略」から離れ、競争のない新たな市場を開拓するための「ブルーオーシャン戦略」「ニッチ戦略」がもてはやされるようになってきたのも、ちょうどこの頃です。

やがて、このような市場や情報の「ボーダレス化」を企業にとっての危機と捉えるのではなく、むしろ好機として捉え、企業間のボーダーを超えて他企業と積極的な提携を模索し、自社にない経営資源（リソース）を購買・商取引以外の方法で融通して価値創出をはかっていく、といった企業間の「戦略としての連携（アライアンス）」を模索する動きがみられるようになってきました。

例えば日産自動車株式会社とルノーとの連携においては、ルノーの優位性である設計やマーケティング戦略と、日産の優位性である生産最適化スキルを有機的に結合させ、またサプライチェーンを統合し、一部モデルはパートナー社の工場で生産するなどの施策によって、製造各社単独では得られなかった競争上の優位性の実現に至っています。このような同業種間の連携は、例えば航空業界にも見ることができます。

さらに異業種間の戦略的な連携が効果的に働くケースも確実に増えてきました。繊維素材に精通した東レ株式会社は、市場のグローバル化による中国などの海外繊維メーカーの台頭に対抗して、製品の高付加価値化をはかるためにアパレル小売業のユニクロ（株式会社ファーストリテイリング）との提携強化を志向しました。素材メーカーである東レが、ユーザーのニーズを直接汲み取って新商材の開発に結びつけることは困難を伴いますが、ユーザーとのチャネルをもつユニクロがその一端を担うことで、ニーズを直接反映した素材開発を効果的に行うことが可能となり、自社の強みと経営資源を活かしやすい環境が構築されました。このことは、「ヒートテック」をはじめとするユニクロのライフデザインイメージの醸成にも大きなプラスとなっていきました。

弱小ベンチャーによる戦略的連携構築への挑戦

このような戦略的連携は、ベンチャーにとっても、創業間もない「あらゆるリソースが不足した状態」を解決するための重要な戦略となりえます。一般的に創業当初のベンチャーは「お金がない、人脈がない、信用がない」という「3 ない」のなかで立ち回らなければなりません。もし外部企業（それも社会的信用力のある大企業であればなおよい）とのアライアンスによって、このような「3 ない」を上手く補充することができれば、それはベンチャーの継続的な活動にとって大きな後押しとなることはいうまでもありません。ただし相手方の企業にとって、わざわざ弱小ベンチャーと組むということは、よほどしっかりとした動機づけがなければ、簡単に前に進む話ではないことも、また真実です。

私たち日環科学株式会社は創業まもなく、当時、手弁当で発酵物の抗カビ活性などの研究を引き受けてもらっていた千葉大学園芸学部の先生の紹介で、地元のガス供給企業から微生物を使った水処理の相談を受ける機会を得ました。このときの相談の内容は工場排水の浄化の話で、結果的に私たちの技術で解決可能なものではありませんでした。自身の技術や商品の売り込みであれば、そこで諦めるのが普通なのですが、私たちは、このガス会社とのアライアンス、協業を実現できれば、単純な取引関係以上に得るものが大きいと直観的に感じて、彼らの事業そのものに入り込むような策をいろいろと考えました。

幸運にも、ガス会社側でも組織再編で人員を振り向ける先の新規事業シーズを探索していた時期だったので、私たちは自身の発酵技術を活用した「リサイクルの新規事業化」の提案を繰り返し行い、少しずつ私たちの技術に対する理解を深めてもらいました。

半年ほどの時間をかけて説得・調整を続けていた矢先、渡りに船で、農林水産省から当時同省が法制化に向けて力を入れていた、食品リサイクル関連の研究費の公募がアナウンスされました。本公募に対しての共同での課題提案を打診したところ、ついにガス会社は私たちの提案に乗ってくれたのです。こうして、2002 年に農林水産省の食品リサイクル促進技術開発事業に千葉大学、ガス会社、日環科学の三者で応募した課題「有機性廃棄物のコンポスト製造のための発酵モニタ技術の開発」が採択され、これがガス会社グループと今なお続く、共同事業のスタートとなっていったのです。

分析室の有効活用が連携事業の将来を規定した

当時のガス会社の課題の一つとして、ガスの調達を海外の LNG（液化天然ガス）に切り替えるにつれて、分析室で扱う自社工場由来のサンプルが減っていくので、そこで余剰となる機器や人員を含めた分析リソースを何か他用途で使えないか、という案件が社内で議論されていました。一方で私たちにとっては、目に見えない「発酵」「微生物」の価値をどのようにして明らかにしていくか、ということが重要なテーマでした。そこでアライアンスのなかでまず取り組んだのが、ガス会社の分析室の機能に「バイオ系の分析能力」を付与して、そこを私たちの発酵物・好熱菌シーズの特性についての分析や技術開発の拠点とする、ということでした。この実現によって、ラボをもっていなかった私たちが、ほとんど自腹でのお金をかけることなく、創業2年あまりでR&Dの拠点を手に入れることになったわけです。

このように、アライアンスによって分析拠点と機器、スタッフを得た私たちは、現場のサンプルを次々と（ある意味手当たり次第に）分析をしていくなかで、豚の糞便中の微生物由来のDNAの検出パターンが、私たちの発酵物の投与の有無で異なる、ということを見出しました（図4.1）。このデータは「発酵物を投与することで、豚の腸内フローラが変化する」ということを示唆する最初のものだったのですが、当時の私たちにとって、腸内フローラが変わることの意味・意義は正直どうでもよいことで、このデータによって、成分や効能を客観的に表すことが難しい「発酵物」という製品を、豚やにわとりに与えた結果が「見える化」され、確実に現

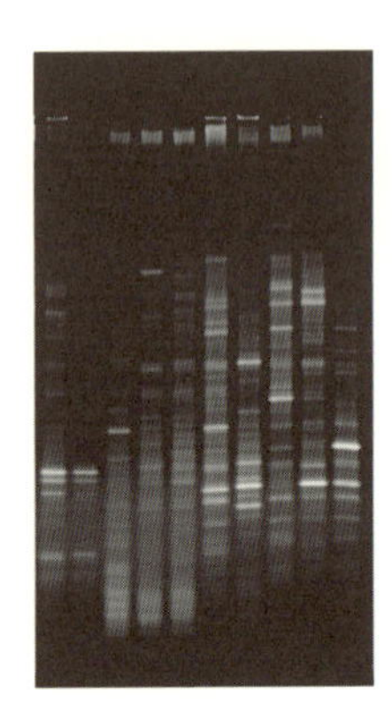

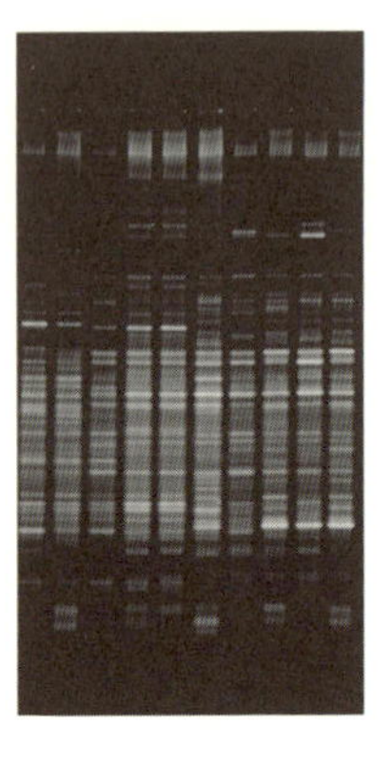

図4.1　見える化の対象となったサンプルとその結果

左より土壌、発酵物、糞便（豚）の微生物遺伝子の電気泳動像（PCR-DGGE法）
土壌サンプルからは有用な情報は得られず。発酵物と糞便からは多くの情報が検出されたが、発酵物はサンプル間差異が大きすぎるためデータの評価が困難。糞便は類似性と相違性が適度に混在→評価可能。

場が変わっているという事実を物語る「目印」として機能することが重要でした。連携当初、食品リサイクルを中心としつつ、耕種農業・畜産といった各領域に幅広く向けられていたアライアンスの事業スコープは、そのような「見える化」がきっかけになって、結果的に畜産方向へと自然に集約される形になっていきました。

「コトづくり」とは共生系のカタチをデザインすることだ

このように、起業からアライアンス構築までの流れを振り返ると、単に自分たちの技術や商材を売ることだけを考えて、外部との関係性を求めていったならば、上述の一連の流れは決して引き起こされていなかったことに気づかされます。そこで大切だったのは、私たちのもっているものを価値創出の源泉として活用してもらうために、相手方との間にどのような仕組みを構築していくか、という部分でした。前者が製品（モノ）を作り出すための発想であるならば、後者は共生系のカタチ（コト）をデザインするための発想であり、後者こそが、これからの企業が「競争」ではなく「共創」を目指していくうえで、ますます重要視されるべき考え方ではないでしょうか。

その後のアライアンスによる事業化の系譜は、腸内フローラの可視化と一体的に進んでいくことになります。まず取り組んだのは、発酵物から好熱菌を含んだエキス（液体）を温水で抽出する装置を養豚場に設置し、豚の飲み水に一定濃度加えることで、農場のにおいを減らしつつ健全な成長を促す、という仕組みを普及させることでした。この仕事は、ガス会社のグループ企業である、施設エンジニアリングの会社が窓口となって進められたのですが、現場で必要な電気工事や配管工事は彼らにとってお手ので、分析室に続き、ここでもアライアンスの恩恵を享受することになったのです。

ただ、養豚場はコストをかける以上、より大きな見返りを期待します。それを早い段階で誰もが明確に理解できる形で確認できればよいのですが、現場の動物相手に目に見える結果を出すことは簡単ではありません。そこで私たちは、腸内フローラの可視化データを客先の養豚家に見てもらって、動物のパフォーマンスに明確な効能が現れる前に、腸内フローラに変化が起きていることを理解してもらうようにしました。それに合わせて私たちの説明も、豚への給与→効能という2段階の論法ではなく、豚への給与→腸内フローラの変化→効能、という形に変化しました。正確には、説明内容だけでなく、私たちの考え方そのものが、腸内フローラを重視する考え方になっていった、と言うべきかもしれません。

そして、この腸内の可視化は養豚家だけでなく、研究者をも動かすことになりました。国内のゲノム解析研究の第一人者である東京大学の服部正平先生（現・早稲田大学教授）に、私たちの発酵物が腸内フローラを動かした話をデータとともに説明したところ、ラボのクリーンな環境ではなく、フィールドの雑多な環境で結果が出ているところが面白い、との評価をいただき、実際にその数年後、経済産業省の研究開発予算を獲得して、服部研との共同研究が実現しました。そして糞便中の16S-rDNAメタゲノム解析の結果、相対的な*Lactobacillus*属の増加や*Staphylococcus*属の減少といった、腸内フローラが具体的にどのように動いたのかについての示唆が得られたことで、私たちのもつ分析という名のツールは、これまでの可視化のための「目印」から、腸内の良し悪しを評価可能な「指標」へと大きく進化していったのです。

社会での壮大な共創実験「ノンメタポーク」

ここまでは、おおよそ2010年頃までの私たちの歩みを振り返って話を進めてきましたが、その後、技術面では発酵物中の微生物群から、腸内フローラを動かす能力をもつものが複数種見つかり、そのなかから選抜された*Bacillus Hisashii* N-11株（NITE BP-863）を、私たちとしては初めての単菌種のプロバイオティクスとして上市しました。また、私たちの技術が腸内フローラのその先に及ぼす影響を、対象動物の遺伝子発現レベルや代謝レベルで探索する研究が日々、進んできています。

このような研究の進捗とは別に、ぜひ紹介しておきたい、もう一つの「その後」があります。それは、2013年1月にアライアンスの構成メンバーである私たち日環科学株式会社＋先述のガス会社グループの施設エンジニアリング会社、そして千葉大学で発酵物・好熱菌関連研究の中心を担っていただいている児玉浩明先生（6章参照）などの尽力で設立された、千葉大学発のベンチャー「株式会社サーマス」が最初に取り組んだプロジェクトである、ブランド豚肉「ノンメタポーク」に関することです。

まだ発酵物の素性がよくわからないまま、飲み水にエキスを添加していた頃から、肉の赤味が増すとともに、脂肪のつきが抑えられて、さっぱりとした食感だけれども深いジューシーさをあわせもつ美味しい豚肉が生産される、という話はあちこちから聞こえてきていました。モノ売りとしては、お客様の養豚場が出荷した豚肉が美味しくなる、というのは大変嬉しいことですし、そのような評判が伝わって、ほかの養豚場でも「使ってみたい」という声が上がれば、ビジネスもいよいよ軌道に乗っていくものと期待するわけです。ところが畜産業界というのはとても閉鎖的で、使ってみて「よい」という話が、ほかに伝わっていかないのです。それは養豚家同士がライバルであり、よいことを簡単にはほかに教えたくないという心理が働いているようにも思えますし、仮にほかの農場で使っている情報が聞こえてきたとしても、自分たちのこだわりは揺るぎない、といったプライドも影響しているのかもしれません。

いずれにしても、クチコミで火がつくような業界ではない以上、地道に営業を重ねていくしかないわけですが、そこで私が考えたのは、またしても「コトづくり」でした。私たちの技術で生産された豚肉＝「美味しい」ということを生産者からではなく、消費者側から拡げていく仕組みを作り出すことで、これまで狭い範囲でしか伝わっていかなかった私たちの技術に関する情報が、まったく違うルートから社会全体に拡がっていくのではないか、という思いから、株式会社サーマスとしての「豚肉ブランド化」への挑戦が始まったのです。

自身のフィールド以外のところで仕組みを作る難しさ

しかし、豚肉の販売に関してはまるで素人の私たちには、さまざまなハードルが待ち構えていました。まず、豚肉は養豚場からは生体で出て行くのに、消費者はスライスされたお肉を買うわけです。その間のどこでどのような作業がなされて最終製品になるのか、と畜、枝肉、セット、部分肉、精肉……、どの言葉が何を指すのか、それはどこで扱われているのかを勉強するところからスタートしなければなりませんでした。

次に出てきたのは価格の問題です。養豚場から出荷される段階では1頭いくらで計算されているのに、枝肉はキロ単位、さらに精肉ではロース・ばらなどの部位ごとに100 g いくらという標記なのです。それくらい単位を変えれば済む話では、と思っていたらとんでもない勘違い……そもそも110 kg くらいの生体が40 kg そこそこの精肉になるので、同重量あたりの価値からして違うわけです。日ごと変化する相場の価格があって、そこに部位ごとの重みがつき、さらに包装代やスライス代、運賃が別途乗ってくる……会社のそろばんを弾くほうが余程簡単に思えてしまいます。そこは理系人間としての意地もあり、何日も試行錯誤しつつ、すべてを自動計算してくれるエクセルシートを自作しました。

その次は商品の形態です。知名度がつくまでの当面の間、自分たちがイベントや通販で直接、在庫をもって販売することを想定したとき、スーパーで売っているような、賞味期間が3日程度の冷蔵のパック品はまず考えられません。そのようなパック販売は、売場の裏側でスライスする前提で初めて成り立つもので、とても在庫などできません。したがって在庫するには冷凍なのですが、冷凍豚肉のイメージは必ずしもよくなく、ドリップが多く、硬いというものでした。ここをクリアできなければ、私たちの技術はそのような冷凍肉と結びつけられてしまいます。

そこで私が取り組んだのは、可能な限り美味しい「冷凍肉」を追求することでした。食品の冷凍に精通した研究室や、冷凍機メーカーのショールームをめぐって、そのなかから私たちがブランド化を目指す豚肉にもっとも適した冷凍条件を見出しました。さらに冷凍品ではあたり前のように行われている真空包装についても、タイミングや印圧のかけ方次第で肉の品質に大きな影響を及ぼすことが実証実験を通じてわかってきました。これらの知見の積み重ねによって、冷凍でもお肉のみずみずしさを損なわない「フレッシュネス冷凍」が実現したのです。

このような豚肉販売のための仕組みづくりの作業をなんとか間にあわせ、

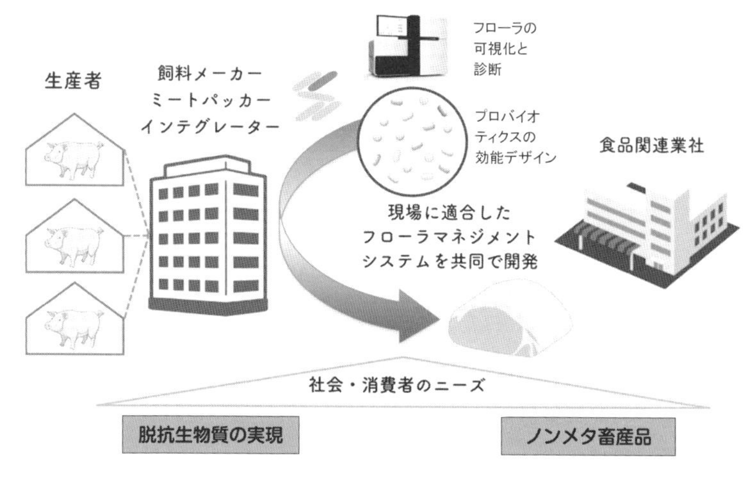

図 4.2　新たな事業デザイン（豚肉生産のトータルマネジメント）

株式会社サーマス創業から 4 カ月後の 2013 年 5 月に新宿タカシマヤで開催された「大学は美味しいフェア」において、あの「近大マグロ」と同じ土俵で、ブランド豚肉「ノンメタポーク」はデビューを果たしたのです。

ノンメタポークの今

ノンメタポークのデビューから数年が経過し、爆発的に売れている、とまでは正直言えませんが、おかげさまで地元だけでなく、全国各地のお店で取り扱ってもらえるようになりました。またさまざまな媒体に取り上げられる機会を与えていただいたおかげで、業界の多くの方々に「ノンメタポーク」の名前が浸透していることを、ここのところ実感しています。

現在、豚肉の生産から販売までをトータルでマネジメントする仕組みの構築（図 4.2）に向けて、大手企業とのアライアンスを新たにデザインしている段階ですが、その会社が私たちにアプローチしてきたきっかけは「ノンメタポーク」だったそうです。今あらためて「コトづくり」のパワーを再確認するとともに、ここからまた新たな共創をデザインすべく、知恵を巡らせていければ、と思っています。

…………………………………………………………………………………………

森 健一（もり けんいち）

1967年生まれ、岡山県出身。東京工業大学大学院イノベーションマネジメント研究科技術経営専攻修了。修士（技術経営）。大阪大学理学部化学科、東京医科歯科大学医学部保健衛生学科検査技術学専攻をともに中退。大学在学中より音楽活動を行い、プロミュージシャンを目指すも挫折。2000年バイオベンチャー日環科学株式会社を共同設立、取締役に就任。2013年より株式会社サーマス取締役を兼務。千葉大学非常勤講師（大学院園芸学研究科（2007年～）／工学研究院（2018年～））。JHTC認定HACCP上級コーディネーター。趣味は愛犬との会話と、去年より復活させた作曲活動。

株式会社サーマス

千葉大発ベンチャーとして2013年1月に創業。高い温度で増殖する好熱菌の機能性を活かした発酵肥飼料や微生物医薬品の開発と普及に加え、外部との連携によるビジネス生態系（エコシステム）のデザイン・構築を通じて、ジューシーかつヘルシーなブランド豚肉「ノンメタポーク」を生産面からプロデュースするなど、これまでにない社会的価値の創出にチャレンジしている。

第2部

シーズから起業へ

——大学はチャンスにあふれている

5　ピンチのときに大学・ベンチャーだからできること！

大学の研究の出口

斎藤　恭一

2011年は、大学で教育と研究をしてきた私の35年間の人生のなかでもっとも思い出に残る二つの大きな出来事があった年でした。一つは、3月11日の東日本大震災に伴って起きた福島第一原子力発電所の3基のメルトダウン事故です。そこから放出され水中に溶けた放射性物質の除去に役立つ吸着繊維を、放射線グラフト重合法を適用して、私たちの研究室は作り始めました。

もう一つは、6月に旭化成メディカル株式会社から「世界初の中空糸型陰イオン交換吸着膜」が世界の製薬業界に向けて販売が始まったことです。私たちの研究グループが24年前に、放射線グラフト重合法を適用して作製したカチオン交換多孔性中空糸膜が起点となっています。

私たちの研究グループは一貫して、分離や反応に役立つ高分子材料を、放射線グラフト重合法を適用して作製し、その性能を評価しています。用途に都合のよい形をした既存の高分子材料に放射線（電子線やガンマ線）を照射して材料内にラジカルを作り、その後、目的の官能基をもつビニルモノマーの液あるいは官能基導入のための前駆体ビニルモノマーの液に浸して、高分子鎖を接ぎ木（グラフト）するのが「放射線グラフト重合法」です。高分子材料の改質法の強力な手法の一つです。この手法はラジカル生成とグラフト重合の工程を分離できるので、工業化に適しています[1～3]。

ここでは、2011年に起きた二つの出来事に関連して、セシウム除去用吸着繊維と抗体医薬品精製用吸着膜の製品化の経緯を述べたいと思います。

開発の始まりはこの一言：「こういうときに何もできないんですか？」

2011年3月11日の東日本大震災に伴って起きた福島第一原子力発電所の事故のため、セシウム-137、ストロンチウム-90といった放射性物質が放出されました。セシウム-137もストロンチウム-90も半減期が約30年と長く、除去と保管が必要です。放射性物質の周辺への拡散が報道されるなか、社会人ドクターとして、私と同室に居た藤原邦夫氏（株式会社環境浄化研究所の研究開発部長）が「吸着材を作ってきた工学部の研究室でも、こういうときに何もできないんですか？」と私に詰め寄りました。マンガン酸化物をグラフト鎖に担持してオゾンを分解する研究をしてきた藤原さんが、フェロシアン化鉄（プルシアンブルー）を凝集沈殿に使ってセシウムを除去していた新聞記事を読んで「グラフト鎖中にフェロシアン化鉄を担持すれば、セシウムを捕捉できますよ」と提案してきたのです。

作製経路を決めるため、先行研究を探しに、東京工業大学の図書館に駆け込みました。そこで、日本原子力学会の英文誌 *J. Nucl. Sci. Technol.* の1965年の文献[4]（第一著者は、当時、放射線医学研究所の渡利一夫氏）を見つけました。市販の多孔性アニオン交換樹脂にフェロシアン化銅を担持させて、セシウムを吸着していたのです。「よし、これなら、うちでも作れる」。

当研究室では、ナイロン製フィルムに、カチオンおよびアニオン交換基をもつビニルモノマーをグラフト重合して製塩用イオン交換膜を2006年度から5年間、作製していました。こうして作製経路の原案はできました。市販のナイロン繊維にイオン交換基をもつモノマーをグラフト重合して、グラフト鎖を取りつけて、そこへさまざまな無機化合物の沈殿物を担持することにしました。そのなかから、沈殿が水中へ漏れ出ることなく、セシウム除去性能に優れた無機化合物担持繊維を選び出す作業が必要になりました。

開発の中心は 11 名の学生：吸着材のスクリーニングが始まった

2011 年 4 月、研究室には、配属されたばかりの学部 4 年生が 5 名、修士 1 年生が 3 名、就職活動を終えた修士 2 年生が 1 名、それに博士課程学生が 2 名、計 11 名の学生がいました。藤原さんからの檄の後、みんなで話し合い、各人の研究テーマを一時凍結し、セシウム除去用吸着繊維をスクリーニングすることを決めたのです。分析化学の教科書に載っている溶解度積が小さい値をもつ無機化合物を見ながら、重金属イオン種（Co^{2+}、Ni^{2+}、Fe^{3+}、Ti^{4+} など）とそれを沈殿させるアニオン種（OH^-, SO_4^{2-}、PO_4^{3-}、$Fe(CN)_6^{4-}$ など）の組合せを選びました。それぞれの濃度を変え、温度を変えて沈殿を作ったのです。

学生 11 名が休日返上でセシウム除去性能のよい吸着繊維とその作製条件を探しました。7 月に入って、最終的に残った吸着繊維は、グラフト重合法によって作製したアニオン交換繊維に、不溶性フェロシアン化コバルトを担持した吸着材でした。探索の末、たどり着いた作製経路を図 5.1 に示します。得られた繊維は鮮やかな緑の色をしていました。

セシウム除去性能は、吸着速度と吸着容量が評価基準です。通常の吸着材なら、吸着操作後に適当な溶出剤を見つけてセシウムを吸着材から溶出させますが、放射性セシウムの場合には、いったん吸着させたらそのまま、あるいは容積を減らして保管することが適切です。事故直後に日本原子力学会が示した標準的な測定条件に則って、繊維へのセシウム吸着速度を調べました（図 5.2）。さまざまなセシウム濃度の液に吸着繊維を浸して、平衡になるまで吸着させ、吸着等温線を描きました（図 5.3）。不溶

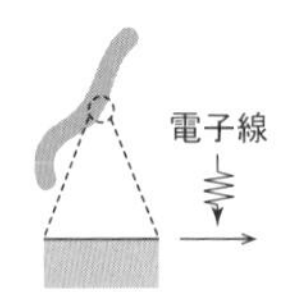
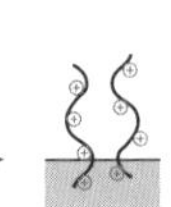

図 5.1　フェロシアン化コバルト担持繊維の作製経路

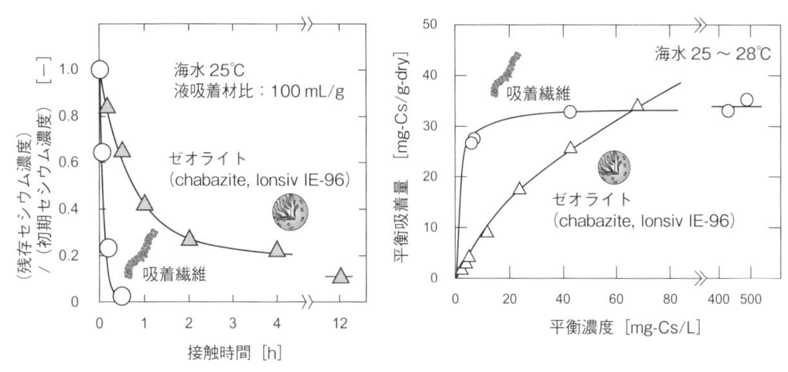

図 5.2　セシウム吸着繊維の吸着速度　　図 5.3　セシウム吸着繊維の吸着等温線

性フェロシアン化物はセシウムを特異的に捕捉することは先行研究で証明されてきたので、ゼオライトに比べて性能がよいのは当然です。

吸着繊維の量産体制を整えた

通常のイオン交換樹脂、キレート樹脂、活性炭は、球（ビーズ）あるいは粒子状です。ビーズを小さくして、数珠のように 1 本につなげた吸着材が繊維吸着材であると考えると、液との接触面積を大きくできるので吸着速度が大きくなるのは納得がいきます。さらに、繊維なら、さまざまな形、例えば、組み紐にして、セシウム濃度の高い海、汚染水の溜まっているタンクやプールなどに、そのまま投げ込んで、吸着時間を見計らって、セシウムを吸着した繊維を容易に回収し放射線遮蔽容器に保管できます。

私たちの吸着材開発の特徴は二つあります。まず、市販のナイロン繊維に荷電グラフト鎖を取りつけて、そこへ不溶性フェロシアン化物を絡ませて漏れないように担持できる点です。次に、吸着繊維の量産体制をすでに確立している点です。トンの規模での量産体制がないと除染現場にすぐに届けることができません。そこで、株式会社環境浄化研究所（KJK。放射線グラフト重合法を私に伝授してくださった恩師、須郷高信氏が社長）が、千葉大学の作製条件を参考にして、ボビンの形をした繊維（図 5.4）の量産体制を 2011 年 9 月に確立しました。一回の反応で 200 kg の吸着繊維を製造できました [5]。現在は、放射性ストロンチウムの除去を目指して、

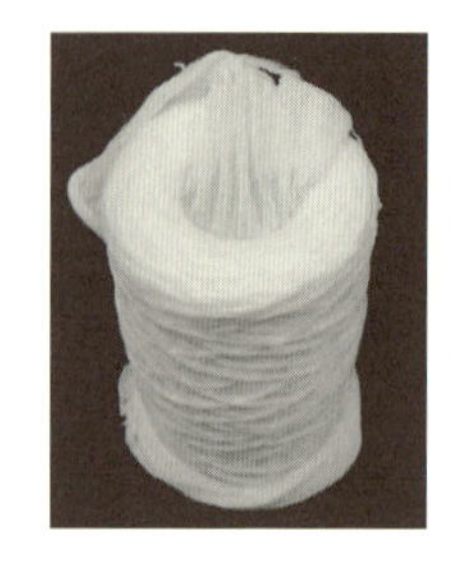

(a) ナイロン繊維ボビン　　反応装置　　(b) セシウム吸着繊維ボビン

図 5.4　セシウム吸着繊維の大量製造装置

チタン酸ナトリウムを担持した吸着繊維の開発に取り組んでいます[6]。

吸着繊維が原発の除染現場に採用された

吸着繊維を大量製造できるようにしても、除染の現場で使ってもらえる、さらに言うと、注文があってベンチャー企業の銀行口座に吸着繊維の代金が振り込まれて初めて吸着繊維の研究の出口ができ、社会に役立ったと言えます。大学の役割は、特許申請や論文投稿、解説原稿の執筆、そして展示会への参加です。特許は藤原邦夫さんが7月に申請し、論文は5月に投稿し、10月に掲載されました[7]。

2011年の12月に、いわき市の小学校のプール水に吸着繊維を投げ込んで、極低濃度の放射性セシウムが除去できることを実証しました。千葉大学から私と学生3名、KJKの社員3名、サンエス工業株式会社の社員2名、そして日本原子力研究開発機構の浅井志保さんが参加しました。小学校の校長先生は「震災と原発事故を忘れずに、千葉からここまでよく来てくれました」と言って、とても喜んでくれました。

KJKも千葉大学も、新聞記事や論文・解説を読んだというメールや電

構内の上空写真

3 号機取水口のピットに浸してセシウムを除去した

図 5.5　セシウム吸着繊維の 3 号機取水口ピットへの試験導入

話の問い合わせに対応しました。また、人脈をたどって、除染現場へ使ってもらえるように活動しましたが、これがなかなか実を結びませんでした。ニュース番組に取り上げられても効果は期待ほどではありませんでした。

基礎研究だけで終わるのは楽なのです。セシウム除去用の吸着繊維を説明しているのに、「ストロンチウムを取る繊維はないの？」「ヨウ素やルテニウムを取れないの？」という現場の声が入ってきました。吸着繊維を使ってもらう機会があるのかと心配していた頃、ようやく、2013 年 6 月に東電福島第一原発の 3 号機取水口ピットに吸着繊維の組み紐集合体が浸ったのです（図 5.5）[8]。

25 年ほど前に、指導教授から「きみの研究は企業でもやれる研究だから、もう少しアカデミックな研究をしてください」と叱られました。しかし、グローバル競争にさらされている企業には、それほどの余裕もマンパワーもないと私は思います。その分を、大学が補てんし、支援できるとよいでしょう。役立つ学問が企業から信頼を得るチャンスが今、来ているのです。

中空糸膜をめぐる約束

31年前に、私は東京の日比谷にあった旭化成工業株式会社（現 旭化成株式会社）が入っていた立派なビルを訪ねて、グラフト重合の幹ポリマー、言い換えると出発材料に使いたいポリエチレン製多孔性中空糸膜をもらいに行きました。

そのときに対応してくださったのが、福田正彦さんと豊本和雄さんでした。福田さんからは「当社の社員の給料を生み出すような材料を開発してください」と激励され、豊本さんからは「きれいな研究で終わらせずに、泥臭い研究までつきあってくださいね」という条件をつけられました。

私は出発材料欲しさに「はい、やります」と約束してしまったのです。それから31年間、私は毎年毎年、最低でも1人の卒論生や修論生と一緒に、旭化成との共同研究を進めてきました。一方、旭化成も毎年毎年、100万円の研究費を出して研究室を支援してくれたのです。

マカロニのような形の中空糸膜の内部には1 μmの直径の孔が、スポンジの孔のようにつながっていて、体積比率で75%開いています。その内

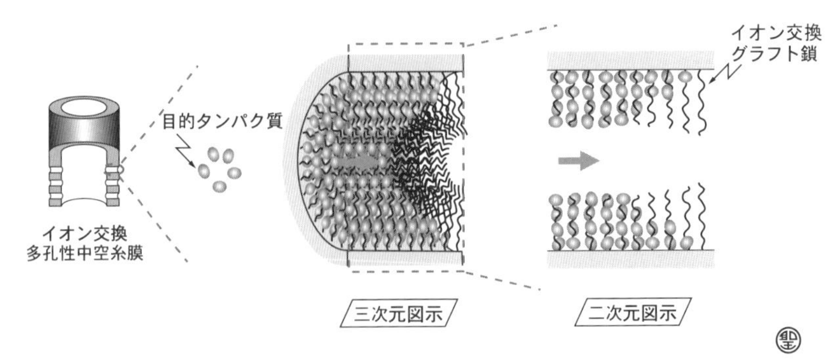

図5.6　グラフト高分子鎖を付与した多孔性中空糸膜へのタンパク質の多層集積構造

部の孔の表面に取りつけたグラフト高分子鎖に、タンパク質が多層で集積することを25年前に発見しました（図5.6）。そのおかげで、私たちは、タンパク質吸着用のライバルの市販品を圧倒したのです。また、実用を意識して作った中空糸膜を数本束ねた吸着装置を作って「はやく、たくさん、何度でも」タンパク質を吸着できることを実証しました。

私たちのタンパク質吸着材料は世界一だったのです。そこで、13年前に、機能膜事業部の部長である渡辺幸平さんに「はやく、グラフト中空糸膜を製品にしてください」と旭化成の富士工場まで出かけて直訴しました。すると渡辺さんは、困った様子で、「まだ早いんです。もう少し待ってください」と私をなだめたのです。

基礎研究の製品への貢献度は100のうちの1
基礎研究の先が本当のチャレンジ

それから10年の間に、副作用が少ない抗がん剤としてタンパク質の一種である抗体を用いるマーケットが急速に伸びてきました。さまざまな種類の抗体医薬品がたくさん世に出てくることになりました。抗体はタンパク質の一群ですから、放射線グラフト重合法で作製したイオン交換多孔性中空糸膜の出番がやってきたのです。2011年6月に、旭化成メディカル株式会社が「世界初の中空糸型イオン交換吸着膜」の発売を始めました。

旭化成メディカルの知り合いからカタログが届けられました。私はこのカタログを手にして、「ついにやったぞ！」と心の中で叫んだのです。福田さんと豊本さんとの31年前の約束を果たせたのです。お二人とも、そして渡辺さんもすでに旭化成を退職されています。そのカタログの隅から隅まで読みました。孔に取りつけたグラフト高分子鎖にタンパク質が多層で集積している図面が載っていました。私たちが研究雑誌で描いてきた図面を使っていたのです。しかし、このカタログには千葉大学の名称も、私の名前も載っていませんでした。

私は、千葉大学のベンチャービジネスラボラトリーの施設長を4年間務め、そこでは「ベンチャービジネス論」という講義の進行役を担当してきました。ベンチャーを起業した社長や企業での新製品開発の担当者が非常勤講師として話をしてくれるのですが、ある方が講義のなかでこう学生に教えていました。「製品までの貢献度を 100 とすると、基礎研究は 1、技術開発は 9、技術営業が 90 です」。1 + 9 + 90 で、たしかに、足すと 100 になります。

旭化成は、千葉大学の「基礎研究」の成果を参考にしながら、すべての実験を再現し、モデルタンパク質溶液ではなく実液でデータをとり、材料の安全性を徹底的に評価し、製造コストを最小化するという「技術開発」を進めたのです[9)]。さらに、それをもって世界中のたくさんの製薬会社を歩いて回り、どちらかといえば保守的なタンパク質精製の技術者に新しい材料の仕組みや性能を説明しました。そこで試作品を提供して現場での問題点を教えてもらい、解決策を考えるという「技術営業」を展開したのです。このように、基礎研究の先に血と汗と涙なくして、製品は誕生しないのです。

私たち千葉大学の貢献度はたしかに 100 のうちの 1 なのです。1 がなければ始まらなかったけれども、それだけではまったく不足なのです。だからカタログには千葉大学の名は載りません。大学で基礎研究の一部を担った学生が企業に入れば、「基礎研究」「技術開発」、そして「技術営業」のどこかを担当することになるでしょう。「1 + 9 + 90」のどこかのパートを真剣に担ってほしいものです。

工学部の研究であっても、理学部の研究であっても、研究の出口で社会の問題解決に役立つほうがよいでしょう。技術や材料が実用に至るまでの、基礎研究から技術開発そして技術営業という一連の流れのなかで、実用現場からの改良・改善の要求が基礎研究の方向を変え、新しいアイデアや発見につながることを私たちの研究グループは経験しました。学会で発表を聴いている、あるいは最新の論文を読んでいるだけでは決して考えつかない、泥臭くとも独走できる課題がそこに転がっているのです。大学発ベンチャーの起業までには届かなくても、ベンチャーマインドを強く意識して学生を育てていくことをこれからも私は続けるつもりです。

起業を考えている読者へ

学生さんには、若い時期だからこそ与えられる集中力と自由な時間を活かして、視野を広げつつ、専門分野を深く掘ってほしいと思います。学生時代には自分の足許を見つめながら実力をつけることが、将来のベンチャー起業の可能性につながると思います。実力がなく、熱意だけもっていても、誰からも何も任せてもらえません。実力をつけるために、「広い視野と深い専門知識」「スピリッツとスキル」「passion と intelligence」など、世の中にたくさんある「対立語」を明確に意識して過ごすことをお勧めします。

引用文献

1)　斎藤恭一，須郷高信，“猫とグラフト重合”，丸善（1995）.
2)　斎藤恭一，須郷高信，“グラフト重合のおいしいレシピ”，丸善（2008）.
3)　斎藤恭一，藤原邦夫，須郷高信，“グラフト重合による高分子吸着材革命”，丸善出版（2014）.
4)　K. Watari, M. Izawa, *J. Nucl. Sci. Tech.*, **2**, 321（1965）.
5)　斎藤恭一，化学，**67**(11)，35（2012）.
6)　海野 理，河野通尭，藤原邦夫，須郷高信，河合（野間）繁子，梅野太輔，斎藤恭一，日本海水学会誌，**68**，89（2014）.
7)　R. Ishihara, K. Fujiwara, T. Harayama, Y. Okamura, S. Uchiyama, M. Sugiyama, T. Someya, W. Amakai, S. Umino, T. Ono, A. Nide, Y. Hirayama, T. Baba, T. Kojima, D. Umeno, K. Saito, S. Asai, T. Sugo, *J. Nucl. Sci. Tech.*, **48**, 1281（2011）.
8)　K. Saito, K. Fujiwara, T. Sugo, “Innovative Polymeric Adsorbents”, Springer（2018）.
9)　H. Shirataki, C. Sudoh, T. Eshima, Y. Yokoyama, K. Okuyama, *J. Chromatogr. A*, **1218**, 2381（2011）.

斎藤 恭一（さいとう きょういち）

1953年生まれ、埼玉県出身。東京大学大学院工学系研究科博士課程修了。工学博士。東京大学助手、講師、助教授、千葉大学工学部助教授を経て、現在千葉大学大学院工学研究院教授。千葉大学ベンチャービジネスラボラトリー施設長。研究テーマは「放射能グラフト重合法による分離機能をもつ高分子材料の開発」。授業では「化学英語」「微分方程式」「理系の作文とプレゼンの学習法」を担当。2019年3月に最新の専門書『グラフト重合による吸着材開発の物語』（丸善出版）を刊行。

6　植物分子生物学者は、いかにして「豚肉」を売るようになったか

児玉 浩明

はじめに

大学教員は、研究、教育、大学運営が任務です。教員によっては大学院生のときに選んだ（もしくは、教授から授かった）研究テーマを、定年退職するまで続ける方もおられます。大学は研究の自由を謳っており、幅広い研究が行われています。その成果は「人類の知」に貢献し、明瞭な「社会貢献」が必須ではありません。とはいえ、近年は、大学教員の専門性を活かした具体的な社会貢献が求められる傾向が強くなっています。対照的に、企業における研究は投資の一部であり、利益を株主に還元することが求められます。ここでは、企業と大学との研究の違いにもふれつつ、民間企業の研究員から大学教員に転身した経験などをふまえ、大学の研究成果の実用化について紹介したいと思います。

博士過程への進学

理系の大学生は、やはり「実験、研究、科学」が好きで進学されていると思います。コンピューターしか使わないような学問領域であっても、試行錯誤は必ずあるでしょうし、その試行錯誤は「実験」として捉えることができるでしょう。「研究」には目的をかなえるための計画立案、実験実施、データのまとめと解釈、そして論文や作品として発表するという一連の流れが含まれます。私も生物を扱う研究にあこがれて、東北大学理学部生物学科に入学しました。学部から大学院修士課程へと進学したのですが、家庭の状況から博士過程への進学は難しく、就職するか進学するか悩

んでいました。そんなときに私の指導教員だった教授が、仙台のとある飲み屋のカウンターの片隅で「君は博士課程に進学すべきだよ。お金のことはなんとでもなる」と強く背中を押してくれたことが、今の私につながっています。この本を読んだ大学院生の皆さん、もし、教授から「君は博士課程に進学したほうがいいよ」と言われたら、多いに悩んでください。もし、少しでも「研究が好きだな」と思ったら、ぜひ、進学することをお勧めします。なぜなら、ほとんどの教授は「見込みのある」学生にしか、博士課程への進学を勧めないのですから。

博士号取得、そして民間企業の研究員へ

博士号を取得した後、化学系メーカーに就職しました。3交代制の工場勤務も含む研修を経て研究所に配属されました。大学院時代の私の専門は植物生理学でしたが、企業では微生物を使った物質生産がテーマとなりました。理系学生が就職するさいには「大学の研究テーマと直接関係する研究を企業で行う訳ではない」と周囲から言われます。しかし、私は必ずしもそうではないと思っています。修士課程や博士課程で培ってきた能力を活かして、新しいことに挑戦するのだと思えば、専門性が異なる企業での職場においても「前向き」に取り組めるのではないでしょうか？

ただし、大学と企業では研究の方針に大きな違いが一つあります。それが冒頭でも紹介しましたように、企業での研究成果は「投資のリターン」であるということです。私が勤めていた企業での研究テーマ「微生物を用いた物質生産」は約2年の研究の末、取りやめとなり研究チームは解散しました。大学での研究であれば教員が自らギブアップしない限り、研究が中止になることはほとんどありません。大学教員は、自身が納得できるまで研究できるのです。企業において研究の中止が決まるには、大きく二つの理由があります。1番目は、十分なリターンが望めない場合です。研究投資に対するリターンはどのように計算するのか、簡単ですが紹介したいと思います。初期の研究は個人レベルで行われることが多いのですが、そこで生まれた「芽」に見込みがあれば、「幼木」にすべく、研究チームを形成して本格的に研究開発することになります。研究員1名には、給

与のほかに福利厚生の費用も派生しますので、約1,000万円の費用がかかると計算されます。仮に5名のチームで3年間研究を実施したとすると1,000万円×5名×3年という計算になり、1億5,000万円の費用（＝投資）がかかります。そのほかに、研究設備、実験の消耗品、特許の申請と維持費用なども上乗せされます。経営陣は研究が「大木」となって実を結んだときの市場規模を想定し、その市場規模から得られる利益と、研究から上市に至るまでの経費を照らし合わせます。その結果、ほとんど利益を生まないと判断されれば研究は中止されます。

2番目の理由は「社会的受容」がない場合です。研究から画期的な性能を有する「商品」が生まれたとしても、社会的に受容されなければ、商品を売ることが難しくなります。一例として、日用品の開発をしている研究者からうかがった話を紹介します。性能が大幅に向上した日用品の「成分」が開発できたため、実際に商品化のステージに入って検討されました。その結果、日用品が消費されてその「成分」が環境に放出される量を計算すると、環境に悪い影響がでる可能性がある、と判断されたそうです。そのため、その「成分」に関する研究は中止になったということでした。社会的受容には、消費者の心理状況も含まれます。ライフサイエンス分野の例としては、遺伝子組換え作物があげられます。遺伝子組換え作物は、トウモロコシ、ダイズ、ナタネ、ワタを中心として栽培されており、トウモロコシは飼料とコーンスターチの材料として、ダイズは植物油と飼料として、ナタネは植物油として、そしてワタは木綿の材料として利用されています。日本では商業栽培の例はありませんが、遺伝子組換え作物は南北アメリカを中心として広範囲に栽培されています。例えばアルゼンチンでの遺伝子組換えダイズの作付け割合はほぼ100％、つまりアルゼンチンの畑で栽培されているダイズはほぼすべて遺伝子組換えダイズです。またアメリカでの遺伝子組換えのダイズとトウモロコシの作付け割合は約90％となっています。アメリカは世界最大の遺伝子組換え作物の開発国であり、世界有数の輸出国です。しかし、アメリカで商業化された遺伝子組換え作物にはコムギは含まれていません。実は、過去には遺伝子組換えコムギが開発されていました。しかし、開発した企業が社会的な受容が十分に確保されていないと判断し、開発を中止した経緯があります。アメリカといえども、主食のパンの原料であるコムギの遺伝子組換えには国民の理解を得るのが難しいと判断したのです。

このように企業での研究では、経営陣による研究方針の見直しというステップが必ず入ってきます。その経営判断と研究員の気持ちとは必ずしも一致しないことが多く、「もう少し研究を続けたい」という気持ちとの折り合いをつけるのが困難な場合、研究員は大きなストレスを抱えることになります。私もそのストレスに、ある意味「負けて」転職しました。

民間企業の研究員から大学教員へ

勤めていた企業での研究テーマが中止になりそうな頃、九州大学からお声がかかり、理学部生物学科の助手になりました。民間企業を経由したことで、大学の「研究の自由」がとてもまぶしく見えたことを覚えています。その後、5年半の助手を経て、千葉大学園芸学部助教授に採用になりました。学生時代と助手時代において理学部に籍を置いてましたが、園芸学部で採用になったことは、私の研究者人生にとって大きな転換点となりました。園芸学部は実学を指向する学部ですので、私も園芸や農業に役立つ研究をしたいと考えるようになりました。ただし、民間企業での経験が無意識に働いたためか、長い年月をかけて実用化につながるような研究ではなく、農業に直接的に役立つような研究がしたいと考えました。とは言っても、右から左にすぐにそのようなテーマが見つかるわけでもなく、千葉大学に移動しても最初の数年間は、助手時代から行ってきた基礎的な生物学の研究を中心に行いました。

好熱菌発酵産物との出会い

農業に直接的に役立つ研究とは、どのような研究なのでしょうか。農家との接点がほぼ皆無の状態では、そんなに簡単に研究テーマが見つかるものではありません。また、農業に役立つテーマなら何でもよい訳でもなく、自身のできること（研究能力：シーズ）と社会に貢献できること（ニーズ）がマッチングすることが大事です。そんななか、日環科学株式

図 6.1　好熱菌発酵産物
1 mm ほどの粒の中に好熱菌を中心とした多様なバクテリアが含まれている。

会社代表である宮本浩邦氏と出会いました。日環科学株式会社は宮本氏が立ち上げたベンチャー企業で、彼の父親である宮本久氏が製造していた「好熱菌発酵産物」をいかに農業に役立てるか、また、好熱菌発酵産物の有用な作用がどのようにして生まれるのか、その作用機序の解明を目的としています。好熱菌発酵産物は、漁港で水揚げされた市場価値が小さい、小魚、小エビ、小カニなどの未利用海産資源を、自己発酵熱による 70℃以上の高温下で発酵させたコンポスト（魚肥）の一種です（図 6.1）。

ほかの多くのコンポストとは異なり、好熱菌発酵産物は発酵プラントを用いて工業的・衛生的に製造されています。また、好熱性バクテリアによって未利用海産資源に含まれるタンパク質や脂質などはほぼ完全に分解されているため、保管や輸送などの取扱いも比較的容易です。好熱菌発酵産物を施用すると作物の収量増加、病害虫被害の軽減、抗酸化物質の増加や耐暑性の向上などの作用が農家から寄せられています。しかし、これらの作用の科学的根拠は不明でした。宮本浩邦氏は、そのような「なんだかよくわからないけど、使える農業資材」から脱却し、「科学的根拠を有する機能性資材」として好熱菌発酵産物を有効活用したいと考えていたのです。

「知らないからできた」研究

宮本浩邦氏から受けた相談のなかで、好熱菌発酵産物が施用された作物では硝酸含量が低下する、という話に私は興味をもちました。作物中の硝酸は食べたときの「えぐ味」となるばかりでなく、幼児では過剰に摂取するとメトヘモグロビン血症、いわゆるブルーベビー症候群と呼ばれる病気を引き起こすため、低硝酸作物は社会的なニーズがあると考えられています。一方、硝酸は植物の重要な栄養素であり、欠乏すると成長が抑制されます。農家では好熱菌発酵産物の施用によって収量が増加することを期待しており、作物中の硝酸含量の減少と収量増加との間には、表面的に見れば大きな矛盾があります。私は、この矛盾に強く興味をもち、好熱菌発酵産物の研究をスタートさせることにしたのです。研究当初、農業に精通した園芸学部の先生方から、「堆肥の研究は、論文にならないよ」と言われたことがありました。理学部出身で農業を「知らない」私は面白い研究だと思っていたので、なぜそう言われるのか理解できませんでした。しかし、研究が進展して学術論文として発表することを考え始めた頃、大きな問題があることに気づきました。学術論文として発表するためには、好熱菌発酵産物がどのようなコンポストであるのか、科学的に明らかにする必要があるのです。好熱菌発酵産物自体を科学的に解析するということは、当該産物に含まれる多くの種類の微生物を解析するということです。当時、堆肥のような不安定で、再現性が乏しく、かつ複雑な細菌叢からなる農業資材を、科学的に解析し学術論文として発表することは、非常に難しいと考えられていました。私自身は理学部出身でしたから、そのあたりの事情を「知らなかった」のです。もし知っていたら？ 研究しなかったかもしれません。

プロバイオティクスの発見と起業

「知らぬが仏」ではありませんが、好熱菌発酵産物に含まれるバクテリアの解析を苦労して行い、案の定、非常に厳しい査読を何度も受けて、ようやく好熱菌発酵産物に含まれる細菌叢の学術論文を発表しました。植物生理学が専門の私は微生物の論文は書いたことがありませんでした。しかし、ライフサイエンスという基本の部分は植物であっても微生物であっても共通です。私は微生物学を勉強しながら論文を書きました。ところで、なぜ、私は専門外の研究ができたのでしょうか？ ほとんどの大学の教員

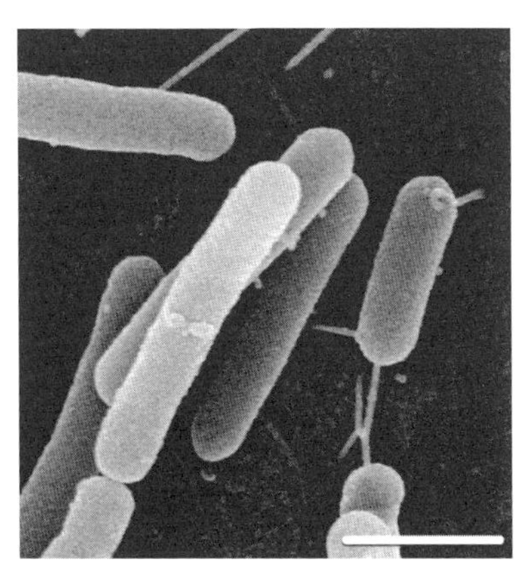

図 6.2　好熱菌発酵産物から単離されたプロバイオティクス
学名、*Bacillus hisashii* N-11^{T}。白い線が 1 µm。

は、○○研究室という看板を背負って研究します。私の場合、幸いだったのは研究室名が「生物化学」であったことです。園芸学部という枠で説明できれば、生物化学研究室では研究材料として、植物、動物、微生物のどれであっても自由に選べます。起業に至る過程を振り返ると、この生物化学研究室という名前はありがたい看板だったと思っています。

好熱菌発酵産物は家畜にも「発酵飼料」として給与されています。給与された豚では筋肉中の余分な脂肪分が少なく、「食べた時に特有の美味しさ」があると現場では定評がありました。調べてみると、母豚の死産率が低下したり、子豚の成長過程での死亡率が低下し、さらには、子豚の成長も促進されることが明らかになりました。このような作用はどのようにして生まれるのでしょうか？ 好熱菌発酵産物には、多様な好熱性バクテリアが含まれます。そのなかには、宿主動物の腸内で有用な働きをするバクテリア、いわゆるプロバイオティクスが含まれていると予想されました。そこで、多くの研究者の助言や協力を得て、動物の腸に生きて届くバクテリアを単離しました。実際にこのバクテリアを子豚に給与すると成長が促進され、モデル動物であるマウスに給与すると内臓脂肪が減少することから、単離されたバクテリアがプロバイオティクスであることがわかりました（図 6.2）。そこで、単離バクテリアとその利用法について千葉大学を含む産学連携グループで特許を申請しました。現在、日本、アメリカ、中国および EU で特許が成立しています。

どうしたら、この特許を活かせるでしょうか？ 大学からは毎年多くの研究成果が特許として申請されますが、実用化に至る特許は必ずしも多くありません。私たちの産学連携チームでは、特許を有効に利用するためにベンチャーを起業することにしました。起業に至ったのにはいくつかの理由があります。(1) 特許内容の価値が高く、実用化が強く望まれたこと、(2) バクテリアを見つけたタイミングで、ベンチャーを目指した教員の研究を応援する、千葉大学ベンチャービジネスラボラトリー主催の「なのはな賞（教員版）」を受賞したこと、があります。加えて、好熱菌発酵産物の研究には日環科学株式会社、当該産物を製造している株式会社三六九、さらに当該産物を販売している京葉プラントエンジニアリング株式会社などの企業が関係していたため、関係者の連携がより緊密にかつスムーズになることも期待して、ベンチャーを起業しました。命名にあたっては、好熱菌（thermophile）の有用さを大衆（mass）に広めたいということからサーマス（sermas）となりました。こうして千葉大学と関連企業とのジョイントベンチャーが起業されました。振り返ってみると、受賞によって関係者の背中が押されたことで起業できました。起業にはタイミングがあるんです。

「食品を売る会社はちょっと」

起業するためには、定款が必要です。株式会社サーマスの定款として、好熱菌発酵産物のさらなる普及、また、単離されたバクテリアの利用促進が盛り込まれました。また、その目的を達成するために、好熱菌発酵産物を給与して育てられた豚のお肉を、脂肪分が少ない「ノンメタポーク」としてブランド化することになりました。そのため、定款にも成果物販売という項目が加えられました。定款の案ができたので大学の産学連携課と大学本部に相談しました。すると最初の反応が、「児玉先生、千葉大学から食品を売る会社を作るというのは、ちょっと困るんですけど」という、まさかの塩対応でした。おそらく食中毒などが起きたら大変という懸念からの対応だったと思います。株式会社サーマス独自で流通させる訳ではなく、好熱菌発酵産物を給与した美味しい豚肉に、株式会社サーマスが認定してブランドをのせるのだと説明することで大学には理解していただきました。次のステップでは、所属する研究科に説明して認めてもらうことが必要になります。幸運だったのは、起業した当時、私は園芸学研究科ではなく、工学、理学、園芸学の各研究科の教員の一部が集められて作られた融合科学研究科に所属していたことでした。融合科学研究科は、非常に幅広い学問領域からなっており、「よければやりなさい」という自由な気風がありました。そのため、融合科学研究科長には非常に好意的に理解していただきました。もしこれが園芸学研究科で説明することが必要だったらと思うと、教授会で理解を得られたか自信がありません。それには理由があります。園芸学部の歴史において、「園芸」に特化するためにそれまで畜産を研究していた研究分野を他大学に移した経緯があるのです。それ以来、畜産は研究しない、という暗黙の了解がありました。起業にはタイミングとちょっとした幸運が必要なのかもしれません。

まとめ：本当の産学連携には、主体的な研究が大切

この本の読者の皆さんも、将来、共同研究、共同開発に携わることがあると思います。ケースバイケースではありますが、「将来、どう転ぶかわからない、あやふやな状態」でスタートする共同研究もあると思います。好熱菌発酵産物の研究も、スタートはまさにそのような状態でした。将来が見通せないような共同研究開発を発展させるためには、「やらされている」気持ちでは、もちろんうまくいきません。また「分担分だけやればいい」という気持ちでも、発展させることは難しいです。あたり前のことを書いているようですが、共同研究や共同開発において「主体的に携わる」というのは簡単ではないのです。将来、皆さんが新しい事業を生み出すために、この「あたり前」のことを心の片隅に置いておいてください。皆さんの可能性に期待しています。

本研究と株式会社サーマスの起業は、日環科学株式会社 宮本浩邦氏（千

葉大学客員教授）との長年にわたる共同研究の成果です。宮本浩邦氏の熱意と努力なくしては起業はありませんでした。ここに深く御礼申し上げます。研究においては、石村巽先生（慶應義塾大学名誉教授、株式会社サーマス最高顧問）、末松誠先生（慶應義塾大学）、伊藤喜久治先生（東京大学）、堀内三吉先生（東京医科歯科大学）、松下映夫先生（水産大学校）、西内巧先生（金沢大学）、服部正平先生（東京大学）、福田真嗣先生（慶應義塾大学）の御協力に御礼申し上げます。また宮本久氏（株式会社三六九）の生み出した好熱菌発酵産物がベンチャーの起業につながっています。宮本久氏に心より御礼申し上げます。産学連携として京葉プラントエンジニアリング株式会社、日環科学株式会社に御礼申し上げます。さらに、千葉市産業振興財団産学協同事業、経済産業省戦略的基盤高度化支援事業、千葉大学 VBL による研究支援にお礼申し上げます。そして千葉大学園芸学研究科生物化学研究室にて研究に関わってくれた多くの学生に心より感謝いたします。

……………………………………………………………………………………

児玉 浩明（こだま ひろあき）

プロフィール
1963 年生まれ、福島県出身。東北大学大学院理学研究科修了。理学博士。呉羽化学工業株式会社研究員、九州大学理学部助手、千葉大学園芸学部助教授を経て、現在千葉大学大学院園芸学研究科教授。千葉大学ベンチャービジネスラボラトリー副施設長。専門は植物分子生物学と応用微生物学。内閣府食品安全委員会専門委員、農林水産省農業資材審議会専門委員。2013 年千葉大学発ベンチャー企業株式会社サーマスを起業（現在、最高顧問）。

株式会社サーマスについては p.50 参照。

7　必然から偶然をつかむこと ……そしてベンチャーへ

星野 勝義

私のベンチャーに対する取組みについて説明します。私の専門は、水の電気分解実験でおなじみの「電気化学」とコピー機の学問である「電子写真」です。二つの専門に出会えたおかげで、電気化学の視点からはエネルギーと物質の化学に関する研究、そして、電子写真の観点からは画像と物質の物理に関する研究に取り組むことができました。

そのような研究を進めるにあたり、いずれの研究内容にも共通する方向性があります。それが“必然から偶然をつかむこと”です。当然のことですが、研究は必然から出発します。つまり、私たちの身の回りにはいろいろなモノがあふれていますが、人間の欲望には限りがなく、どのようなモノにも満足はしません。今あるモノの問題点を解決し、新たなるモノを作り出すことが研究の必然です。

問題点が首尾よく解決され、モノづくりに至ることになれば、それは研究者冥利に尽きることでしょう。しかし、時として、問題解決の間に研究が脇道にそれ、思わぬ方向に進むことがあります。そして、思わぬ方向が別の研究課題に対する解決の道であった場合には、さらに研究者冥利に尽きる体験をすることができます（セレンディピティ：努力の結果、偶然を引き寄せ、思わぬ発見をすること）。

私たちの研究室で行われている研究の多くは偶然の産物であり、だからこそ国内外にこれまでなかったモノづくりをすることができ、あるいはこれまでなかった視点から自然現象の解決を行うことができました。以下にはそうした“必然から偶然をつかんだ”研究テーマのいくつかを紹介したいと思います。

金色に輝く樹脂（プラスチック）の発見

2000年に、電気を通すプラスチックの発見の功績により、日本の白川英樹先生にノーベル化学賞が与えられました（A. G. MacDiarmid 先生および A. J. Heeger 先生との共同受賞）。本研究はこの電気を通すプラスチックを用いた研究です。私たちの身の回りには、生活を便利にする製品があふれています。テレビ、エアコン、パソコン、スマートフォンなどです。こうした製品が動くのは半導体やその組合せで作られる電子素子・回路のおかげです。

そして、電子素子・回路は無機物質でできています。つまり、製品の重要な部分は無機物質で作られています。私たちの体と同じ成分でできている有機物はというと、製品のケースとか導線の被覆とか、どちらかというと製品の心臓部以外のところで使われていました。これは、有機物質が電気を流さないためです。

しかし、白川先生が開発したプラスチックは電気を通します（導電性ポリマー）。電気を通すとなると話は別で、有機物が製品の心臓部に入り込める可能性が出てきました。もしこの導電性ポリマーで電子素子・回路ができるとなれば、プラスチックだけでできたテレビ、エアコン、パソコン、スマートフォンなどができることになり、軽量で安価、そして簡単に廃棄できる（燃焼処理できるため）次世代の製品を創ることができます。場合によっては、プラスチックの特性を活かし、折り曲げ・折りたたみできるテレビやスマートフォンができるかもしれません。

私たちは、このような導電性ポリマーを製品に組み込みたいと考えて、その電気特性を調べる実験を行っていました。電気特性を調べるためには、導電性ポリマー膜に金属の薄い膜を接触させ、その金属の膜を通して電気を流し込む必要があります。この実験を担当していたのは、大学院の修士課程に在籍していた女子学生だったのですが、彼女があるとき、「先生、導電性ポリマー膜の上につけた金属が消えてなくなってしまいました！」と告げてきました。まさか手品でもあるまいし……と思いつつ再現実験を行ってもらったところ、本当に私の目の前で金属が消えてしまいま

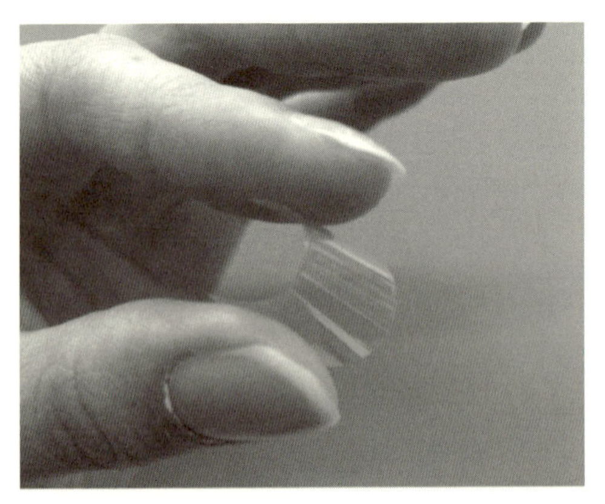

図7.1　プラスチック板の上に形成された透明導電性膜

した。これをきっかけとして、導電性ポリマーとして濃い緑色のポリカルバゾールという物質を用い、これにいろいろな金属を接触させたところ、金属がプラスチックに飲み込まれ、プラスチックの色も金属の色も消えて透明膜ができる研究テーマができ上がりました。そして、この透明になった膜は、もとの導電性ポリマーの性質を受け継いで電気を通す性質があるうえ、柔らかく曲げられるので、液晶テレビの画面、ゲーム機やスマートフォンのタッチパネルなどに使えるのではないかと期待されました（図7.1）。しかし、残念ながら電気の通りやすさが十分ではなかったために、この研究に終止符を打つことになりました。それでも最後の悪あがきで、ポリカルバゾールよりももう少し電気を通しやすいポリチオフェンという導電性ポリマーを試してから止めることにしました。そうしましたら、今度は研究を担当していた男子大学院学生が、「先生、ちょっと来て下さい！」と言うので実験室に行ってみますと、そこには金色に輝く膜がありました（図7.2）。透明になることを期待していた膜が、金色の色調になってしまったセレンディピティでした。つまり、この導電性ポリマーの研究では、研究の女神が2度微笑んでくれたことになります。

金、銀および銅色は、その独特の光沢感のために、高級、優良および伝統を表現する色となるので、高級自動車塗装・高級置物、メダル・トロフィーおよび工芸品・寺院塗装に利用されています。また工業的には、光

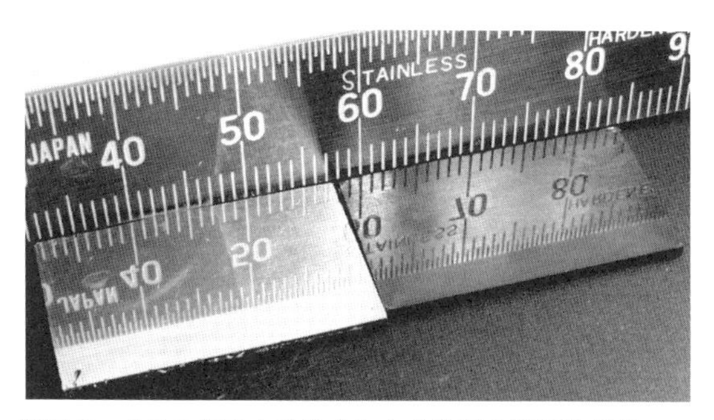

図 7.2　ガラス板の上に作られた金色調の導電性ポリマーの写真（右側のサンプル）
立てかけた定規の目盛りの写り込みが見られる。左側のサンプルは、比較のためにガラス板の上に作られた金の薄膜の写真。

沢感がコピーできないことを利用して、偽造防止のための色としての重要な役割を担っています。

身の回りの生活空間に存在する実用の金属光沢膜は、実際に金属（アルミ、真ちゅう、亜鉛など）の微粉末が“糊”の中に分散された塗料を塗布することによって作られています。しかし、金属微粉末は比重が大きく、塗料中で沈降してしまうことが切実な問題となっています。また、塗布膜が重い、腐食が進行するといった問題もあり、大型車両への塗装が困難となっています。さらに、インクジェットプリンターへの利用は、金属微粉末がプリンターのノズルに詰まってしまうために難しい状況です。

そこで、金属を用いない非金属の素材で金属光沢を発現させようとする試みが日本を中心になされています。ある種の非金属素材の“粉末”が期せずして金色に輝いたという例はいくつかありますが、金属を含まない素材で、塗料にすることができ、塗装することができ、そして金色調の自然な見えが持続する塗布膜が実現できる素材は存在しませんでした。私たちの素材がその初めての例であり、今後、この成果の製品への応用展開を行いたいと考えています。

空中から燃料を！――空中窒素固定の研究

画像を形成したり表示したりするのに、半導体はとても重要な役割を演じる材料ですが、この研究はその半導体素子を作ろうとして始めたテーマです。使ったのは、無機半導体の酸化チタンと呼ばれる材料（塗料、印刷インキ、絵の具、クレヨン、陶磁器など白いものの多くに使われている材料）です。これとともに、有機半導体の導電性ポリマーを用いました。

前記の研究テーマと同様に、大変すばらしい材料である導電性ポリマーをなんとかもっと製品の心臓部で使えないかという思いで研究を進めました。なぜ2種類の半導体を使うかというと、半導体はその性質によってn型とp型に分けられ、この二つを貼り合わせるとpn接合というものができます。pn接合自体は、ものすごくいろいろな電気製品に使われていて、これがもとになって今日の日本の電機産業が発展したといえます。

酸化チタンはn型の無機半導体で、導電性ポリマーはp型の有機半導体なので、この二つを貼り合わせてpn接合を作り、その電気物性を調べることにしました。実験を担当したのは、大学院の修士課程に在籍していた男子学生でした。大多数の学生は、普通はサンプルを作ると、自分の実験台の引き出しに大事にしまい込んで保管し、また取り出しては実験を行うのですが、あるとき、彼は実験台の上にそのまま放置してしまいました。そしてある日のこと、私が実験室をぶらぶらしながら、そのサンプルを横からながめてみたところ、一瞬ギラリと光ったのです。これは何だ……。半導体が光るわけがない。蛍光灯の反射光だったのですが、ギラリと光ったということは、その上に光を反射・散乱する何かができたということです。それで大学院学生に指示して電子顕微鏡で観察してもらうと、きれいな針状の結晶がたくさんできていて、それがまるで竹林のように半導体の上に林立していました。成分分析で、その結晶が窒素を含む化合物だとわかったのです。使った半導体の中には窒素は一切含まれていませんので、これは空気中の窒素ガスが固定される現象、すなわち窒素固定ではないかと思いました。

しかし、ここから1年あまり紆余曲折がありました。私自身が再実験

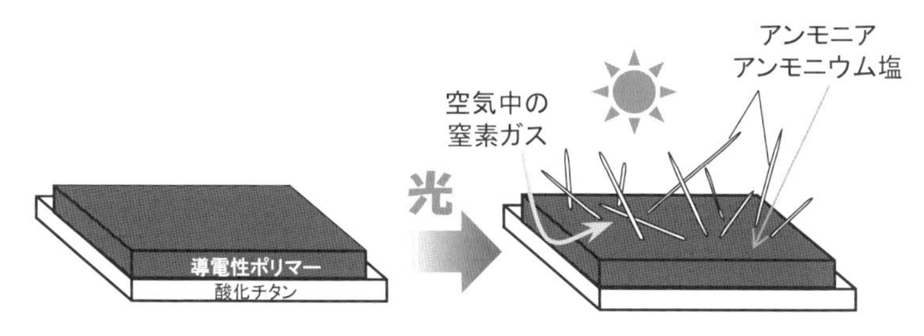

図 7.3　空中窒素固定の概念図

をしたのですが、何度やっても、いくら時間をかけても、結晶ができないのです。だんだん焦り始めました。「なぜだ、なぜ同じものができないのだ。大学院学生の実験と何が違うのか」と。しかし、そんなある日、夜中だったと思うのですが、疲れ果て、椅子にもたれて天井を見上げたところ、蛍光灯が目に入りました。この実験室は、ほかの実験の都合で 1 年中エアコンと蛍光灯をつけっぱなしにしています。その瞬間、「蛍光灯だ！」とひらめきました。私はサンプルを作っても、それをサンプルケースに入れて引き出しにしまっていましたが、それをやめて大学院学生と同じように実験台の上に放置することにしました。すると、学生と同じ結晶の竹林を作ることができたのです。つまりこれで、先ほどの窒素固定反応が光エネルギーを駆動力とすることがわかりました。

後の研究により、この窒素固定反応の生成物は、アンモニアと固体アンモニウム塩であることがわかりました（図 7.3）。アンモニアは肥料の原料となるため、工業的にきわめて重要な物質です。また、もう一つの生成物のアンモニウム塩は、スペースシャトルの打ち上げに使われているロケット推進剤ですので、空気から食料のもとと燃料を作り出した研究ともいえます。空中窒素の固定は、光合成に次ぐ重要な反応といわれるゆえんがここにあります。窒素固定反応の起こる場所は、酸化チタンとプラスチックの界面であることが判明していますが、なぜそのような反応が起きるのかといった仕組みは未だ解明できていません。また、“収穫できる”アンモニアやアンモニウム塩の量はまだまだ少ないので、現在、その収穫量を増やす努力を行っています。半導体の“必然”の研究から新奇な空中窒素固定につながった“偶然”のテーマとなりました。

ナノワイヤー・ナノチューブの開発

1959年に、アメリカのファインマン教授がナノテクノロジーを予言し、1974年に日本の谷口教授がナノテクノロジーの概念を提唱して以来、世界中の大学や企業の研究者がこのナノテクノロジーに参入しました。1,000万分の1 cm～10万分の1 cmのナノメートルの世界で“もの”を作ると、その“もの”が思いもかけない働きをすることがあります。例えば、私たちの身の回りにも金属の線やプラスチックの紐がありますが、細いものでもせいぜい100分の1 cmくらいです。電線として利用されたり、針金として利用されたり、ものをつり下げるのに使われたりします。ところがその細さがナノメートルくらいになると、単なる細い線なのにもかかわらず思いもよらない働きをすることがあります。例えば、電気をためる素子として、あるいは次世代テレビの中心材料として使われるような特別な働きが出てきます。大学の研究者にとっては、その働きのなかに新しい化学や物理の発見があるかもしれませんし、企業の研究者にとっては大きな利益が潜んでいるかもしれません。そのようなわけで、モノづくりの世界は大変“熱い”時代を迎えており、“第2の産業革命の到来”と考える研究者もいます。

私たちは、ある時期に光触媒反応の研究を行っていました。光触媒は、光を吸収して元気な状態（励起状態）になり、マイナスの電気（電子）とプラスの電気（ホール）を作ります。私たちは、このホールを利用する反応を研究していました。この反応で重要になるのが、マイナスの電子をそっと光触媒から取り出し、ホールの反応を邪魔しないように捨て去ることでした。うまく捨てることができれば、光触媒はホールも電子も片づけることができ、もとに戻ってまた光を吸収して仕事ができるわけです。

このゴミ捨て場の役割をする物質を電子受容性犠牲試薬と呼びます。脇役ではありますが、全体の反応を考えるとこの電子受容性犠牲試薬は重要ですので、その特性を調べるために電気化学実験（水を電気分解すると水素と酸素が発生する実験を行った人もいるかもしれませんが、そのような装置を利用して物質の特性を調べることができます）を行いました。つまり、その電子受容性犠牲試薬を溶かした水溶液に電極の板を入れ、電圧をかけることで電子を受け取ることができるのか、受け取れるとしたら簡単に受け取ることができゴミ捨て場としての役割を果たすのか、を調べる実験でした。この実験もやはり大学院学生が担当していました。

実験をすると、なにやら電極の板の上に、黒い膜状の物質が堆積してくることがわかりました。そして、電圧などの電気分解の条件や水溶液に溶かす電子受容性犠牲試薬の量、さらには実験温度などをいろいろ変えて調べてみると、黒い物質の色調が微妙に異なることがわかりました。これは、黒い物質が単なる平たい膜ではなく、何か三次元的な立体構造物であり、その形やサイズが実験条件によって変わることを想像させました。そして、上記の実験条件を特定の狭い範囲に設定して黒い膜を作製し、電子顕微鏡で観察したところ、直径がナノメートルサイズで長さが非常に長い直線状物質（ナノワイヤー）が密集していたのです（図 7.4）。現在では、この電気分解を利用した方法によって、銀、銅およびコバルトのナノワイヤーを作り出すことに成功していますし、また、有機物の導電性ナノチューブ・ナノワイヤー作製にも成功しています（図 7.4）。

最近は、そのようにして作ったナノワイヤー・チューブをキャパシタに展開する研究を行っています。電気をためることのできる素子には、コンデンサーと蓄電池があります。近年、コンデンサーよりも電気をためる能力（電気容量）が高く、電池よりも急速な充放電ができ、繰り返し耐久性の高いキャパシタが注目されています。そして、その一部はハイブリッド自動車や大型のバスなどの補助電源としてすでに使われています。今回私

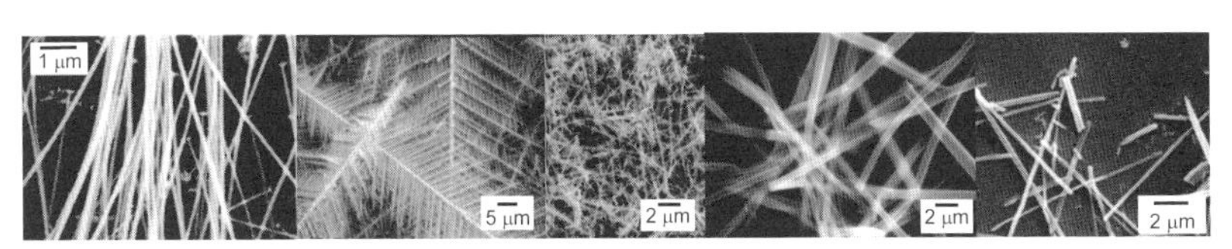

図 7.4　創出した導電性ナノワイヤー・ナノチューブ
左から、コバルトナノワイヤー、銅ナノワイヤー、銀ナノワイヤー、有機物ナノ・マイクロチューブおよび有機物ワイヤー。

たちが開発したナノワイヤー・ナノチューブのなかには、実際に使われているキャパシタの10倍もの電気容量を示すものもあり、ベンチャーに向けた開発が行われています。光触媒の“必然”の研究から新奇なナノワイヤー・ナノチューブの開発につながった“偶然”のテーマとなりました。

電子のカーテン――スマートウインドウの開発

ビルによるエネルギー消費量は非常に大きく、その消費量のかなりの部分が窓によるものといわれています。冬の寒い日にはビル内部の熱が外へ逃げ、夏の暑い日には太陽光によりビル内部が暖められます。その温度調節をするために冷暖房システムが稼働しなければなりません。そこで、スイッチのオンオフで透明な窓から色のついた窓へと変化する賢い窓、スマートウインドウが注目されています。スマートウインドウにはいくつかの方式がありますが、そのなかでも電気化学反応を利用したもの（エレクトロクロミック方式）が注目されています。この方式のスマートウインドウは大変簡単な構造から成ります。図7.5に示すように、2枚の透明導電性ガラスの間に物質（図の中の○）を溶かした溶液やゲルを注入し、それを電源につないだ構造です。

この物質は、例えばマイナスの電圧をかけると色のついた物質（図の中の●）となり、左から見ると透明なガラスが色のついたガラスに変わります。エレクトロクロミック方式の最大の特徴は、この色のついた状態でスイッチを切っても色が消えないことです。つまり、色をつける、あるいは色を消すときにだけ電力を要するので、大変省エネルギーになります。結果的にスマートウインドウの動作に要するエネルギーよりも多くの冷暖房エネルギーを節約することができます。この方式のスマートウインドウは、ボーイング787の窓に搭載されたので話題となりました。しかし、これまでいずれの着色も白色ではなく、青、茶、灰色などでした。電子のカーテンと呼ぶならばやはり白でしょうし、人間の感性の観点からも白が望ましいはずです。

私たちの研究室でも、スマートウインドウに関する実験を行っていました。図7.5の装置の溶液の中に無色透明物質○を入れておきます。電源の

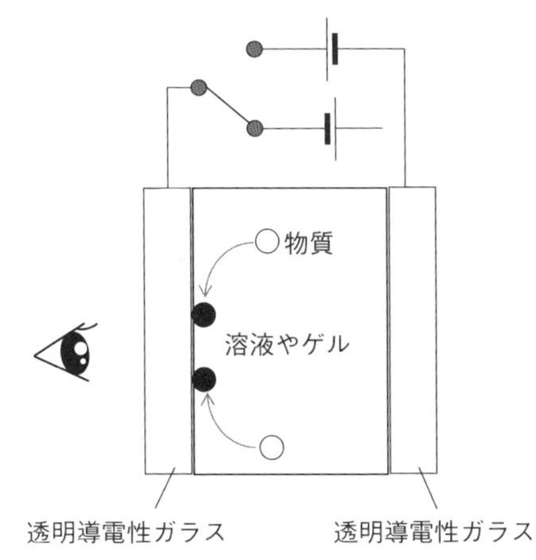

図 7.5　エレクトロクロミック方式のスマートウインドウの構造

スイッチをマイナスに入れると、この物質が無色透明から紫の物質●に変わります。これで紫の窓となるわけです。次に、スイッチをプラスのほうに入れると、今度は逆の電気化学反応が起こるので、紫の物質がまた無色透明の物質に戻り透明な窓となります。これ自体は、とても単純な原理で 1973 年から実験がなされていますが、私たちの研究の新しい点は、紫と無色に加えて、白い窓を作る反応を見つけたことです。

この実験を担当したのは大学 4 年の学生でした。その学生は、上の実験で、紫の色を消すときにさらに大きなプラスの電圧をかけるとガラスの表面が曇りガラスのようになることに気がつきました。大学 4 年生といいますとなにぶん研究を始めたばかりの初心者ですので、作った溶液が汚れていたとか透明導電性ガラス自体が汚れていたとかあらぬ疑いをかけられました。しかし、この現象は注意深く何度くり返しても同じように起こったので、やはり何かが起きているということになりました。

その後いろいろ研究を重ねた結果次のようなことが起き、白い電子のカーテンができることが判明しました。この学生は、溶液に、物質○のほかにもう一つ別の物質△を入れておいたのです。物質○の電気化学反応によって、マイナスの電圧で紫になり、プラスの電圧で無色透明になるというのは先ほどの説明と同じなのですが、さらに、少しだけ大きなプラスの

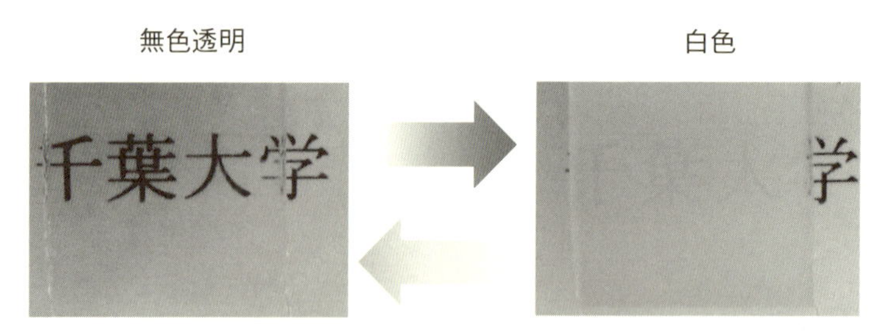

図 7.6　無色透明（左）と白色（右）の間で作動するエレクトロクロミック方式の電子のカーテン

電圧をかけると、この物質△が別の物質▲に変わり、さらに物質▲が物質○とくっついて、溶液に溶けない白い物質▲…○になります。そしてこの白い物質▲…○が透明導電性ガラス全体をおおい、まるで電子のカーテンができたかのように白く見えたわけです。またこの電子のカーテンは、マイナスの電圧をかけるときれいに消えて○と△に戻ってしまいますので、電子のカーテンを自由自在に作ったり消したりすることができるということにもなります（図 7.6)。スマートウインドウの“必然”の研究から電子のカーテンの開発につながった“偶然”のテーマとなりました。

以上、私たちの研究室で行われている“偶然の産物”をいくつか紹介させていただきました。時折、機会をいただくたびにこの“偶然の産物”に関するお話をさせていただくのですが、そのさいに、「先生のところの研究はまるで手品みたいだね」というご意見をよくいただきます。私たちは今日もその手品を見つけるために“必然の”研究に取り組み、ベンチャーにつなげるべく努力を続けています。

起業を考えている読者へ

本章では、ベンチャービジネスのスタートとなる“研究の芽”との出会いの例についてご紹介しました。その後の、研究の芽をビジネスに近づけ、資金調達をし、営業を行い、事業化を達成し、そしてそれを継続させることについては、ほかの執筆者の方々の内容をご参考ください。

さて、研究の芽を捕らえるためには何が必要でしょうか？ 皆さんは、今この瞬間にも人生の一瞬を過ごしています。要するに、時間軸に沿って日々の生活を送っているわけです。時間の軸上を歩いているさまをイメージいただきたいと思います。

皆さんは今、23 年目の目盛り上を歩いているかもしれませんし、50 年の目盛りに到達した方もいるかもしれません。

さて、今その軸を何かが横切りました。新発見・発明の芽（チャンス）が横切ったのです。そして、また何日か先、あるいは何年か先にチャンスが横切るかもしれません。しかし、それに気がつく人は少ないかもしれません。気がつくためには何が必要でしょうか。ありきたりになりますが、地道に勉強をし、チャンスをつかむための教養と感性を身につけることです。大学にいても漫然と過ごすだけでは、大学に行かなかったけれども勉強努力を怠らなかった人にはとうていかないません。

チャンスは皆さんの頭上を平等に通り過ぎます。うまくつかみ取ってください。

星野 勝義（ほしの かつよし）

1957 年生まれ、東京都出身。東京工業大学大学院総合理工学研究科博士課程修了。工学博士。日本学術振興会特別研究員、東京工業大学工学部助手、千葉大学工学部助教授を経て、現在千葉大学大学院工学研究院教授。専門は電気化学、電子写真、薄膜材料化学。

8　学生が世界を変える！

アントレプレナーシップとイノベーションの本質

各務　茂夫

大学はそもそも研究をするところです。その研究が形になってくると、「あれは面白いぞ」と人が集まってきて、そのなかからサイエンスのこともわかるビジネスマンが出てきて、その研究をビジネスにしていくという形がベンチャービジネスの理想ですが、日本ではまだそこまでの仕組みは十分にできていません。そんななかでの私の一つの役割は、「すばらしい基礎研究を少しビジネスのほうに近づけていく、あるいはビジネスのにおいをさせるための手助けをすること」だと考えています。学会に出された研究論文をベースに、その論文筆者にあえて今まで考えてもみなかったその研究成果の応用可能性について、例えば、「この研究成果は社会のどのような問題解決に役立ちますか」「お客さんは誰ですか」「既存の技術と比べて顧客の視点に立ったときに何が違うのですか」「この技術によって社会はどう変わると予想されますか」というように、視点や形を変えて考えることを繰り返し、研究をビジネス（事業化）のほうに少し近づけていくのです。そして、そのプロセスにおける研究者の教育は大学がやるべき仕事かなと思っています。

研究とビジネスが両方わかるクロスオーバー型の人材を育てていくためには、そのような人たちが結集・集積できるような物理的な「場」も必要です。そんな「互いに触発し合いながら何かをやっていく環境」を作る、すなわち広い意味でのイノベーション・エコシステムの構築は大学が担うべきです。

本章では、東京大学産学協創推進本部での取組みをご紹介しながら、大学におけるアントレプレナーシップ教育に必要とされることを考えます。

研究をビジネスに変えていく難しさ

ビジネスのベースとしての基礎研究

わが国においても、実はずっと以前から、大学の研究成果がビジネスとして結実した例はいくつもあります。例えば、三共という製薬会社は高峰譲吉の研究成果（タカヂアスターゼ）がベースとなってできた会社です。グーグルもスタンフォード大学の2人の若い大学院の学生の技術を使ってできた会社ですし、大学から生まれたベンチャーは多いのです。現在、ブロックバスターと呼ばれる新規性の高い新薬の7～8割は大学かベンチャーから生まれたもので、それを大企業がM&Aなどで取り込んだものです。

研究をやっていれば、自然とその成果をどう社会に活かすかということを考えますよね。大学では数多くの基礎研究をやっていますが、大きく社会を変える技術は、基礎研究に重きを置いていたものが多いと思います。例えば、インターネットという技術は元々は軍事目的で作ったものを民需転用して今に至っているわけです。したがって、イノベーションの発信拠点として、大学は重要な役割を演じています。

研究成果にビジネスのにおいを

大学はそもそも研究をするところですが、私のイノベーション推進部長としての役割の一つは、基礎研究の成果を少しビジネスのほうに近づけていく、あるいは学術的でしかなかった研究成果にビジネスのにおいを吹き込むための手助けをすることです。サイエンスを起点にしたビジネス構想を事業化に向けて一歩踏み込んだものとして「ショーケース」と呼んでいますが、要するにショーウィンドウに並べて多くの方々にご覧になっていただくものを作るのです。学会に出された研究論文をベースに、その論文筆者にあえて今まで考えてもみなかったその研究成果の応用可能性について、例えば「この研究成果は社会のどのような問題解決に役立ちますか」「お客さんは誰ですか」「既存の技術と比べて顧客の視点に立ったときに何が違うのですか」「この技術によって社会はどう変わると予想されますか」

図 8.1　第 10 期東京大学でアントレプレナー道場初回講義

というように、視点や形を変えて考えることを繰り返すなかで、研究をビジネス（事業化）のほうに少し近づけていくのが大事で、そのプロセスにおける研究者の教育は、大学がやるべき仕事だと思っています。

そのための方策はいくつかありますが、研究にビジネスのにおいを吹き込むというのは簡単なようで難しい。まず一つには、研究成果がわかっていなければいけない。それから、ある種のビジネスマインドをもっていなければいけない。通常、こういうクロスオーバー型人材、イノベーション人材は少ないわけです。

東京大学の研究者、とりわけポスドクとか博士課程にいる理系の研究者・学生のなかには、本人は気づいていないことも多いのですが、そういうことに長けた人もいます。研究者だけにとどまりたくないというような少しヤマッ気があるという言い方もできるかもしれませんが、そういう人たちに自らの研究をベースにビジネスプランを策定する訓練の場を東京大学では設けています。イノベーション創出に関わることができる人材発掘と人材育成に関わる一連のプログラムです。

こうした研究とビジネスが両方わかるクロスオーバー型人材が結集できるような物理的な「場」も必要で、互いに触発し合いながらイノベーションに挑む環境を作る、すなわち広い意味でのインキュベーション・エコシステムの構築も大学が担うべき役割だと思います。

大学が果たすべき役割

東京大学の場合はベンチャーキャピタルをもっていますから、資金面でのサポートもします。ベンチャー企業の成長を助けるためにベンチャーキャピタルの役割は欠かせません。またベンチャーにとって顧客開拓がいちばん重要ですが、初期の営業活動がスムーズにいくように、場合によっては大学が最初の顧客・ユーザーになるようなケースはもっと模索されるべきでしょう。

また、国が最初のユーザーになってお墨付きを与えるようなことも重要です。研究に少しビジネスのにおいをさせて、そのショーケースにベンチャーキャピタルのお金がついて、産業界とのやりとりが進むきっかけを作るところまでは大学の役割のような気がします。TLO が担う技術移転も大切な役割です。2004 年の国立大学法人化以降は大学の教員が発明した技術（特許）は原則大学帰属になりましたから、技術移転のプロフェッショナルが技術移転先としてベンチャーを想定し、さまざまな知恵出しをすることができるようになることも大学の役割としては重要だと思います。

産学連携を支える人材

私のイノベーション推進部には、企業との共同研究をプロデュースするスタッフがいます。そのなかには、複数の元電機・エレクトロニクスメーカー会社の研究者や経営企画をやっていた人、あるいは製薬企業の研究開発の仕事の経験者などがいます。それから、産学連携には知的財産を扱うグループもありますが、そこには同様に電機メーカーで知的財産の責任者だった人がいます。研究職だった人や知財を企業で担当していた人がいるということです。

大学発ベンチャーを担当するスタッフのなかにはいくつかのパターンがあります。例えば、元々は半導体研究者として入社し、その後シリコンバレーに派遣されて企業のコーポレート・ベンチャーキャピタルの仕事に従事していた人がいます。シリコンバレーを熟知している同僚が私のところに3名います。理系の人が多いのですが、私を含めコンサルティングの世界にいたという人も数名います。

私の場合は経営学で博士号の学位を取っているのですが、コンサルティング会社に15年ほどいて、半導体、液晶、結婚情報サービス、酒などほとんど一通りのビジネスの経験をしているので、事業化ということについてはどんな分野でも対応できる自信（過信？）があります。

この研究がどういう事業化のタネになっていくかということに対する勘、あるいは、大きなビジネスの流れのなかで、その研究が今どのあたりのボタンを押すとバッと動くのかという感覚が大切です。そういうものがあると、最先端のサイエンスが100％わからなくても、世の中の大きな流れのなかで、その研究がビジネスになる可能性のようなものを想像することができます。

イノベーションの創出に向けて

まずショーケースを作る

「ショーケース」というのは、サイエンスや最先端の技術が、事業化の視点からその構想が目に見える形になったようなものです。製品にはなっていないかもしれないけれど、こういう形になれば事業になるのではないか、という仮説です。事業化のためにはいろいろな人のサポートが必要になります。自分の研究のことを、研究者仲間ではなく、一般の人にでもわかるように、あるいはお金の出し手が理解できるように説明する必要があります。ところが、通常の研究者はなかなかそれができません。学会で研究について説明することはできても、そうでないところで理解を得るのはなかなか難しいのです。そこであたかも陳列台に載った商品のように、研究成果をわかりやすい形で具体的に示す（ショーケースに並べる）必要がでてくるのです。

キャリアパスの多様化

日本の場合には、研究者というのはけっこう偉いわけです。「先生、先生」と呼ばれる。例えばアメリカでは、ベンチャーキャピタル側は、「あなたは先生としては偉いけれど、ビジネスは私どもにやらせてください」と言うのですが、わが国の場合、金融機関の人が組織としてベンチャーキャピタルをやっていることが多く、会社を興した経験もなく、起業、ましてやサイエンスの事業化についてはわからないわけです。

博士やポスドクのように研究を突き詰めてやってきた理系人材のキャリアパスの多様化というのが重要だということになります。そういう理系であり同時にビジネスにも理解があるイノベーション人材が、メディアの世界にも、技術移転の分野（TLO）にも、起業にも、おそらく大学にも必要で、大企業の研究者にもそういう人たちがいないといけないのです。

私の現時点での認識は、研究者をおしなべて広く底上げするというよりは、「この研究者は面白い人材だな」と思う、数は少ないかもしれませんが、少数の研究者にまずは絞ってイノベーション人材としてグッともち上げることに注力しているという感じです。まずは強引にでもイノベーションを創出できる研究者人材のロールモデルをつくるということでしょうね。

学外からの応援

「東大メンターズ」と呼んでいますが、会計士としてベンチャーのサポートをやってきた人とか、もちろんベンチャーキャピタリストもいますし、なかには会社人生は卒業して、そこそこお金ももっているのでエンジェル投資家として支援してあげようという人もいます。パッと声をかけると動いてくださる方が30人くらいはいます。何かあったときには、そういう方にサポートをお願いします。

「東京大学アントレプレナー道場」という起業教育のなかで学生がビジネスプランを作るときにも、各学生チームに2名ずつメンターを配します。プラン作成にさいして熱い思い入れがあるだけではだめで、それが本当にできるのかというリアリティが重要です。メンターは、リアリティを見せることもできますし、多次元的にものを見るという指導もします。学生よりもメンターが作るプランのほうがよいに決まっているのですが、そこまでやってはいけないということをメンターに理解していただいたうえで指導していただいています。

研究者の場合は、すでに技術はあって、それをどうすればアプリケーションとして説得力のある事業構想にできるかということが課題なので、メンターにはそこに対していろいろアドバイスしていただいています。

成功した人が後輩を指導していく

成功した人であればあるほど、後進の育成をどうするかについて考えると思います。もっとも、その成功は、自分が創業した会社が単に上場したということだけに限りません。上場後も1桁2桁違うオーダーの売り上げを上げなければ本当の意味でイノベーションを実現したということにならないかもしれませんし、本当に世界を変えたと言えるイノベーターの出現にはもう少し時間がかかると思いますね。

例えば、ミドリムシを商品化したユーグレナという会社があります。そこの出雲充社長は、私どもの教育プログラムによく講師として来ていただいて、自身の体験を語ってくれます。自分で会社を作り、上場に漕ぎ着けて時価総額が一時2,000億円を超えて、株式の個人資産だけでも何百億円という人がいるのです。そういう体験を語っていただくだけでもとても貴重なことです。

そういう人たちが自らの会社を成長させ、次に後進を育てる側になることが重要です。アメリカはベンチャービジネスで成功した人がベンチャーキャピタリストになっているから強いわけです。日本の場合、こういうベンチャーキャピタリストはまだ少ないので、本当の意味で起業家に寄り添っているかというと、そうとは言い難いのです。

大学も、そして日本も変わっていく！？

国立大学の法人化と大学の変化

国立大学が法人化して、研究者の発明のルールが変わりました。法人化される前までは、研究者が発明したものは大学に届ける必要はあるのですが、発明そのものは研究者のものだったのです。したがって、出願費用を自分で払って特許として権利化したり、あるいはつきあいのある企業に費

図 8.2　ユニバーシティ・カレッジ・ロンドン（UCL）での講演

用を払ってもらったりというようなこともあったかもしれません。

法人化後は、大学にいる研究者は大学の“従業員”になったということで、企業の従業員の発明と同じ扱いとなり、基本的には企業同様、知的財産権の権利者は大学になりました。その代わり、特許法 35 条に基づいて、その特許が収入を生んだときには発明者には相当の対価が支払われなければなりません。企業と同じルールが大学の研究者にも当てはめられたというのが、国立大学法人化の意味です。

そうすると、それまでは大学が自分の資産として考えなくてよかった特許というものが、大学の資産になります。つまり、それを使わなければいけないということですね。国立大学法人法第 22 条に大学の業務を定めていますが、そのなかにも、従来の教育、研究に加えて「研究成果の普及と活用を図ること」とあって、社会連携や産学連携をやることが求められるようになったのです。

大学が収益を得る意義

社会連携や産学連携を進めると、特許等で大学にお金が入ります。とは言っても、大学全体の年間の予算の対比でいえば決して儲けるためとは言

図8.3　東京大学アントレプレナープラザ

えないでしょう。アメリカでも、例えば、スタンフォード大学は大学全体の収入が4,000億円ですが、特許からの儲けは50～60億円で、せいぜい多くて100億円です。ただし、アメリカの場合には、成功した人が大学に寄付するわけです。これがばかにならないのです。スタンフォード大学を卒業した人たち、特にグーグルなどがその典型ですが、彼らは何兆円ももっているので、そこから少しでも寄付してもらえると大学は助かるのです。そういう寄付の累積がスタンフォード大学では2兆円ほどあります。

この2兆円をファンドマネジャーがきちんと運用しているのですが、その運用先のなかにはベンチャーキャピタルのファンドもあります。それから、スタンフォード大学の技術をグーグルにライセンスしているので、そのロイヤルティも入ってきます。そういう形で、お金が大学に回ってくるルートができているわけです。単に特許を活用して技術移転することで得られるロイヤルティ収入は、ごく限られたものです。東京大学では6億円ほどで、これが100億円とか200億円になることはないと思います。

だから、それで儲けるという話にはなかなかなりません。ただし、大学の財政の助けになることは確かですし、何よりも大学の研究成果が社会に活かされるためには、研究成果を特許などで権利化したほうがよりスムーズになる場合もあるのです。特許化などせずに全部オープンにして「どなたでもどうぞ」とやってしまうと、企業としては誰でも使えるということでモチベーションが低くなることがあります。

寄付をどう集めるか

寄付の文化というのがどの程度わが国に根づくかということもあります。アメリカの場合には大学への寄付という行為がイノベーション・エコシステムに与える影響が大きいのです。そういう寄付集めの部隊があちこちの大学にできています。東京大学では渉外本部という部署にスタッフがいるのですが、OB を訪問したりして寄付金を募っています。ベンチャー支援施設である東京大学アントレプレナープラザも篤志家さんに十数億円出していただいてできたものです。東京大学の卒業生ではない方にもそういう人がいます。そのスケールがアメリカの場合にはもっと大きくて、寄付の金額もかなり大きいということです。

ベンチャーで成功した個人が大学に寄付してくださる。その蓄積が回り回っているということですね。スタンフォード大学では多いときには年間で 1,000 億円以上の寄付が集まります。それを蓄積した一部が、スカラーシップ（奨学助成金）として教育に充てられます。東京大学で博士号を取得したいのにスカラーシップが出ないということで、例えば、北京大学の学部学生は、スタンフォード大学の大学院に行ってしまうわけです。優れた研究者が集まれば、イノベーションのベースになるシーズもよいものが出てくるということは、MIT の経験などを見てもわかります。実際、よい研究者がいるところは、ビジネスのシーズもよいものが出るという調査研究があります。

アメリカの場合には医学部の先生の給与は文学部の先生の 2 ～ 3 倍ですから、優秀な人はそちらに行ってしまうわけです。日本人でも、青色発光ダイオードの中村修二先生をはじめノーベル賞を取るような先生方がアメリカに行っているケースが数多くありますが、そういう優秀な人材に高い給与を出せるような財務基盤があるということですね。財務基盤というのは、寄付の蓄積である基金（endowment）です。それが教育や研究を行う原資になるからです。

その基金から、ベンチャーキャピタルの原資となるファンドにもお金を出しているところがアメリカの懐の深いところで、アメリカのベンチャーキャピタルの資金ソースの8割くらいはアメリカの大学に蓄積された基金と年金のお金です。

日本の公的年金基金は世界一で約130兆円もっているのですが、ベンチャーキャピタルは運用先ではありません。お金が行っているとしてもごくわずかです。年金というのは、高齢者の生活を賄うための資金で基本的には毀損しないことを重視し、安全に運用しなければいけないということでしょう。そう考えて日本の年金は国債を買っていますが、日本国債は30年物でも利率が1.5%です。それではだめなので、しかるべきファンドマネジャーをつけてリスク資産にも分散投資する必要があると言われています。アメリカでは、ベンチャーキャピタルにもお金が随分と回っています。

日本と比べるとアメリカの経済規模は3倍ほどですが、ベンチャーキャピタルに回るお金は25倍くらいあります。アメリカも、本当に変わったのはこの30年くらいのことでしょうか。だから、日本は2～3周回遅れくらいでしょう。しかし、すぐに追いつくことは難しくても、日本独自にそれなりのものを作ることはできないことではありません。

アントレプレナーシップを身につけよう

アントレプレナーシップ教育とあえて横文字を使っていますが、私は大学では「水泳論」と言っています。小学校、中学校で水泳を習うと、筋肉は水泳の仕方を覚えていて、だいたい一生ずっと忘れないものです。アントレプレナーシップ教育もそれと同じで、これは頭の筋肉と言えばいいかもしれませんね。問題を新たに発見する、あるいは今ある問題を再定義する。その問題の解決に向けて代替案を考える。考えるときに、既存のものと比較してみる。そして、その比較にどういう軸があるかを考えてみる。さらに、それをやるために、継続的にことが進み、帳尻合わせができるように、お金が循環するようにと考える。

こういう一連の流れは、実は研究そのものでもあるのです。研究も、優れた研究者はこういうことを考えなければいけません。どうやってグラント（研究助成金）からお金を取ってくるか、科研費を取るかということを考えていないといけない。だから、研究においてもアントレプレナー的なマインドが研究者に求められるのだと思うのです。

そういう意味で、アントレプレナーシップ教育はベンチャーを作る、あるいは会社を作るというだけではなく、大学教育のなかでごく自然にやらなければいけないことでもあるのです。世の中にある問題を自ら発見するというプロセスは、言われないとやらないものだと思います。でも、一度そういう訓練を積んだら、世の中にどういう問題があるかを考えるようになります。少しキョロキョロして周りを見るということでしょうね。そして、その問題を自分で発見し、新しいアイデアで解決するために、プランを描いてみる、ショーケースを作ってみることです。

自分の独りよがりではなく、メンターのような人にもアドバイスをもらって、リアリティをベースにしながらプランを修正していく。そういうことの訓練をどこかでやっておくといいと思います。それは大学に入る前、高校生のときでもいいのかもしれませんが、そういうことをぜひやっていくことです。

また、独りよがりで根を詰めてやってみたことが、他人からはこう見えるよということを知るのも重要なことだと思うのです。そのなかで、「これだったら本当に新規性があるのではないか」とふっと自分のなかに湧いてくる感覚、「これはいける」と思う感覚をどこかで味わっておくことが重要だと思います。

グリー株式会社の田中良和社長は、なぜ起業できたかという問いかけに、「楽天株式会社で、超高成長でしかも混沌（カオス）があるような組織に身を置く経験をもてたことが重要」と答えています。かつての高度成長期の初期の日本はそういう状況だったし、戦後間もなくもそういう時代でした。ところが、この 20 年間というのは、大企業が成長していませんが、優秀な学生は大企業に入ったと思います。徹夜の連続だけど、自分の成長を自覚できて、ワクワクして楽しくて仕方がないというような経験をしている人は必ずしも多くないと思います。一方で閉塞的な20年間のなかで、前を向いてみようと思う学生がいることも確かで、そういう思いがもう少し盛り上がって、「こういうことをやるとかっこいいな」とか、「すてきな生活ができるな」とか、そういう思いがベンチャー企業でチャレンジすることに結びつけばと願っています。

各務 茂夫（かがみ しげお）

1959年生まれ、東京都出身。一橋大学商学部卒、スイスIMEDE（現IMD）経営学修士（MBA）、米国ケースウェスタンリザーブ大学経営学博士。ボストンコンサルティンググループを経て、コーポレイトディレクション（CDI）の設立に参画、取締役主幹、米国CDI上級副社長兼事務所長を歴任。学位取得後、ハイドリック＆ストラグル社にパートナーとして入社。2002年東京大学大学院薬学系研究科教員となり、2004年東京大学産学連携本部教授・事業化推進部長に就任。同年9月株式会社東京大学エッジキャピタル監査役就任（～2013年）。2013年4月から東京大学産学連携本部（現 産学協創推進本部）教授 イノベーション推進部長（現職）。大学発ベンチャー支援、学生起業家教育に取り組む。

第3部

起業を成功させる知識とノウハウ

9　生き残るベンチャーになるために

平山 喬恵

はじめに

本稿を執筆している2018年の時点で、会社は起業してから節目の20年を経過し21年目に突入しました。起業当時を振り返ると、社会環境の変化はもちろん、スマートフォンの普及やAIやロボットの活用がこんなに活発になるとは想像もしていませんでした。

かつては企業30年論という言葉に示されるように、事業のライフサイクルを20～30年で見ていました。しかし、最近では、そのスピードは加速度的に早くなり3～5年で新陳代謝しています。まさにドッグイヤーを通り越してマウスイヤーと呼ばれるとおりです。そんな激しい変化のなかでベンチャー企業として生き残っていくことは、本当に大変なことであると今さらながらに実感しています。

このような背景から、本書のもととなっている千葉大学大学院の講義「ベンチャービジネス論」では、私は「生き残るベンチャーになるためには」というタイトルで、できるだけ実践的なテーマをアクティブ・ラーニング形式で実施しています。本章でも、私が起業してから現在に至るまでの多くの経験や失敗から学んだことをもとに、現場での臨場感あふれる内容にしたいと考えています。

よく、「20年も会社が継続しているのにまだベンチャーなの」と聞かれます。あくまで私の解釈ですが、ベンチャービジネスとは進取の気性をもって、つねに時代に合った新しいサービスを提供するためにチャレンジし続けることだと考えています。その想いで事業を行っていれば、それは

図 9.1　株式会社アクティブブレインズの WEB サイト

ベンチャーそのものであると思います。

私は 1998 年に自宅のマンションの 1 室で有限会社アクティブブレインズを起業しました。2004 年の株式会社への組織変更を経て、現在は千葉市美浜区にあるワールドビジネスガーデンに本社オフィスを置き、東京都千代田区の丸の内ビルに東京営業所を開設しています。これは 21 年前には想像もしていませんでした。当社の企業ポリシーは「好奇心旺盛にチャレンジ！」ですが、この 21 年間には起業していなかったら味わえなかったさまざまな経験があふれています。

千葉大学での授業では、後述する「ベンチャービジネスに必要な五つの要件」と「起業家に必要な三つの姿勢」を手短にお話しした後に、「アイデアを形にする」というテーマで学生同士でディスカッションをするワークショップを実施しています。学生にビジネスの現場のスピード感を実体験してもらうために、70 分という短い時間内で、グループに分かれ、テーマを決め、ディスカッションの成果を模造紙にまとめ発表し、評価までを

図9.2　アクティブ・ラーニングの実践
学生が主役！　グループでブレスト中

行っています。最初の10分くらいは互いに様子見をしている感じですが、だんだんアイスブレイクが進み活発な意見を出し合うようになります。タイムアウトの時間直前は、リアルなビジネスの現場のような熱気があふれ教室は蒸し風呂のような状態となっていきます。毎回、大いに脳内を暴れさせ仲間とコミュニケーションしてもらいたいと期待しながら授業を行っています。

ベンチャービジネスに必要な五つの要件

授業で私が学生に示す五つの要件は、「コアコンピタンスの構築」「アイデアを形にしていく力」「ニッチ戦略とスピード」「プレゼンテーション力」「マーケティング」です。

①　コアコンピタンスの構築

ベンチャービジネスの場合、コアコンピタンス（事業の中核となる技術や強み）が、ビジネスを継続し生き残るための重要な要素となります。起業したてのベンチャービジネスが、数多くの先輩企業と肩を並べ成長していくためには、核となる技術やサービスがないことには勝負になりません。

起業したての頃、「何でもやります、頑張ります！」と営業していたところ、ある経営者から「何でもやります」は「特に強みはないけど仕事ください」って言っているようなものだから、「○○ができます、これしかできませんが、この分野は自信があります！」のほうが仕事を出す気になれるよ、と言われたことがありました。そのときはよくわかりませんでしたが、だんだんその言葉の意味を理解できるようになり、独自の強みをもつことの重要性を実感するようになりました。

もちろん、コアコンピタンスはそんなに簡単に築き上げることができるものではありません。また、時代や会社の成長とともに変遷していきます。当社もコアコンピタンスを見つけるために相当もがき苦しみました。なにがコアでなにがコアでないのか、自分たちにしかできないことはなにか、そしてそのコアの部分でファーストコールカンパニーになるためには何をすべきか、今でも走りながら考え続けています。

コアコンピタンスを見つけたらそこで終わりではありません。それを継続的に強みとして維持し続けるためには、歩みを止めない、気を抜かない、慢心しない、前向きな努力を積み重ねるといった日々の行動が要求されます。一見華やかな響きをもつ「ベンチャービジネス」という言葉の背景には、このような地道な努力が不可欠であるということを身に染みて感じています。

②　アイデアを形にしていく力

コアコンピタンスに次いで重要なことは、「アイデアを形にしていく力」です。ベンチャービジネスでは、特にアイデアがビジネスのスタートラインとなります。しかし、このアイデアを磨き上げ、製品やサービスとして形にすることができないと、当然ですがビジネスにはなりません。

私も起業当初は、こんなことが提供できたら面白いだろうなというアイデアはたくさん思い浮かぶのですが、それが利益を生み出す商品として形にならず、悲しいほどトライ＆エラーを繰り返しました。

私の場合、アイデアはどんどん湧いてきます。テレビのニュースを見ているときその話題から思いついたり、本やメルマガなどを読んでいて気づいたりします。また１人で車を運転しているときに、アイデアを思いつくことも多くあります。いつも自分のなかにいくつもの関心事や問題意識があるので、そのテーマに関係するキーワードが何かの拍子に「ふぅー」と入り込んできて、「そうだ、こんなことはできないかな」と思いつく、といった感じです。

また社内ではブレインストーミング（ブレスト）などの手法を使ったアイデア出しをよく行っています。よく言われることですが、ブレストでは他者のアイデアを否定しないで、一見馬鹿げたアイデアに思えることでもどんどん発言できる雰囲気を作ることが大切です。そのような「一見馬鹿げた思いつき」がどんどん磨き上げられてユニークな商品になったというケースを何回も経験しているので、特にブレストでは自由闊達なディスカッションの雰囲気を作ることを重視しています。

ただし、どんなすばらしいアイデアでも、それだけではお金は入ってきません。それをどのように顧客から見て「これは欲しい！」と思える製品やサービスとして形にし、顧客のもとに届ける販路を開拓するかが、アイデアを生み出すこと以上に重要な要件となります。

この形にする力のベースになるものが、技術面ではコアコンピタンスであり、協力してくれる仲間を集ったり採用してくれる顧客を見つけたりするという面では後述するプレゼンテーション力などの力量となります。

③　ニッチ戦略とスピード

サービスや製品には、提供するタイミングというものがあります。時流に合っているのか、顧客が今欲しがっているものなのか、といったタイミングが合わないと、いくら自分たちがよいと思っていても、商流が動き出すエネルギーが生まれません。「今は時期じゃないね」といった簡単な言葉でお茶を濁されてしまいます。「こんないい商品なのに……」なんて思っているのは自分たちだけで、ニーズが顕在化していない市場は冷たいものです。売れる商品は「いいもの」であると同時に「そのとき市場が欲しているもの」である必要があります。

人やお金をその瞬間に大量に投入できる大企業の場合は、市場ニーズが顕在化していなくても、プロモーションの力で潜在的な願望に火をつけて購買動機に昇華させることができます。しかし、資金力に限界があるベンチャーは、なかなかそのような力技はできません。

では、どうすればよいのか。当社の場合は、たしかに潜在ニーズがありそうだが大手企業が手を出さないニッチな分野に的を絞り、きめ細かく市場開拓を行う方法で生き残ってきました。

具体的には、起業当初はIT市場で大手企業が目を向けていなかったデジタルデバイド層（主婦、シニア、キッズ）を対象とした地域密着型パソコン教室を事業化しました。その後、やはり情報化が遅れていた小・中学校のICT活用をサポートする事業を立ち上げました。サポート内容が学校のICTサービスに特化していたため、相当ニッチな事業であったと思います。

その学校現場でのICTサポートの実践から、現在の教育向けWEBアプリのアイデアが生まれ、いくつもの商品が開発されました。今では小・中学校、高校、大学まで幅広く活用される商品群に成長しています。

ニッチ戦略でもっとも重要なことの一つがスピード感です。そこに商機があると気づかれると、大企業を含む多くのコンペティターが参入してきます。その前に少しでも早く自分たちの生存領域を作れるかが勝敗を決めます。いかに効率よくよいものをスピーディに開発し提供できるか、当社の今後の課題でもあります。

④ プレゼンテーション力

当社のビジネスプロセスでは、アイデアを出し、それを企画にまとめ、協業するパートナーを集い、顧客へ提案し導入や購買につなげていく必要があります。つまり、さまざまな局面でプレゼンテーション（プレゼン）が重要な役割を果たします。

プレゼンにはいろいろな技法があり、どれがよいかは一概に言えません。提案する内容、それを聞く人、与えられた時間などさまざまなシチュエーションがあるため、その都度臨機応変に対応できるプレゼンテーションの力量が必要とされます。

また事前準備も重要です。いざプレゼンというときに、事前に聞いていた話と相手の期待が食い違っている、といったことがたまにあります。また、使用許可をいただいていたはずの機材が使えなかったり、思いがけない操作トラブルが起こったりと、いろいろな不測の事態が起こってしまうのがプレゼンの常です。慣れていない人がそんな状況に遭遇してしまうと、もう頭が真っ白になってしまい、提案するどころか、資料をただただ棒読みするような悲惨な状態に陥ります。事前の準備はとても大切です。

プレゼンに慣れていないスタッフにアドバイスしているポイントがいくつかあります。もちろん第一にはしっかりと事前準備をすることですが、それに加えて、あれもこれもと欲張らずに「ここだけはしっかり伝えたい」というポイントを絞ること、とにかく相手の様子をしっかり見ながらプレゼンを進めること、すべてを説明しようと思わず要点だけ簡潔に述べ、質疑応答で詳細を補うようにすること、といったことです。また、トラブルになりそうなことを想像し対応策をあらかじめ考えておくことも必要です。

初めてプレゼンをするスタッフや、プレゼンが苦手なスタッフは、事前に必ずリハーサルを行い本番のイメージトレーニングをしています。また想定される問答集などを作成することもあります。

このような丁寧な準備をしておくと、心に余裕もでき落ち着いて本番に臨むことができます。そして何回か経験を積むことにより自信がつき、プレゼンの達人として成長していきます。

⑤　マーケティング

この1年間に、自社ブランド製品をリリースして、あらためてマーケティングの重要性に気づかされたという経験をしました。

20年以上ビジネスをやってきて今さら気づくというのも恥ずかしい話ですが、当社は長く限定されたビジネスパートナーやクライアントにサービスを提供するという業態だったので、広く市場を俯瞰するようなマーケティングの必要性をあまり感じなかった、という事情があります。

しかし、2017年の秋口から自社ブランドの教育用WEBアプリ「AIAI

モンキー」の販売がスタートしました（図 9.3）。ここからマーケティングの重要性を思い知ることになります。

「AIAI モンキー」は、千葉大学教育学部藤川大祐教授の監修のもと開発された、主体的・対話的で深い学びができるアクティブ・ラーニング用のWEB アプリケーションです。児童生徒がタブレット端末を使って入力した意見を、瞬時に形態素解析でテキストマイニングを行い、キーワード分析や意見分類を行うといった機能をもっています。このアプリは、NHK の「クローズアップ現代＋」のなかでも取り上げられ、現在都内の小・中学校をはじめ、全国的の教育現場に向けた販売がスタートしています。

メディアでも注目していただけるような自信作ですが、これを販売していくとなると、プライシング（価格）をどうするのか、どのような流通経路を開拓するのか、どのようにプロモーションを行っていくのかといった、マーケティングの基本を押さえなくては話になりません。まさに 4P（product・price・promotion・place）や 3C（customer・competitor・company）といった視点で戦略を考える必要を痛感したのです。

さらに、年次更新はどうするのか、ヘルプサポートはどうするのか、サーバーのセキュリティは担保できているのか、類似商品はどのように運用しているのかなど、細部にわたり検討すべきことが次から次へと出てきました。検討を重ねても方針が定まらない状況が続きました。マーケティングの重要性を痛感する 1 年でした。

起業家に必要な三つの姿勢

先の五つの要件とは少し違う切り口で、マインドや行動という面から起業家に必要な姿勢について述べてみたいと思います。

①　夢と情熱

ベンチャービジネスを考えているような人は、誰しも大小問わず実現したい夢をもっていることでしょう。重要なのは、その夢をどんどん言葉に出して話すことだと思います。よく成功を収めた人が「夢を言葉にすることで、夢は実現する」と言いますが、私も自分の経験からそのことを実感

<トップ画面>
「AIAIモンキー」のアイアイはAI（人工知能）の意味。AIを活用している。

VBに必要な要素はいくつかありますが、以下の中から一番重要だと思うことを選びその理由を書いてください。

A　情熱
B　企画力
C　スピード
D　プレゼン力

<設問画面>
・授業前に教員が設問を作成。
・生徒は設問を見ながら自分の意見を入力。

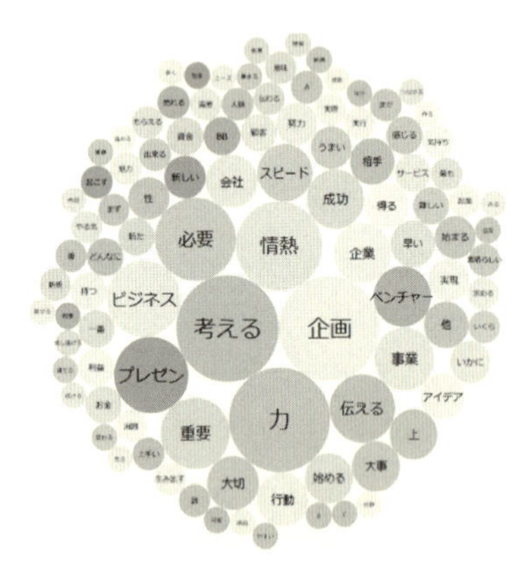

<わくわくの実>
・入力された意見は形態素解析で分析されキーワード表示される。
・バブルをクリックするとそのなかに含まれる意見を閲覧することができる。

分類	内容	人数
A	情熱	30
B	企画力	20
C	スピード	11
D	プレゼン力	28

<意見分類>
・クラス全体の傾向が一目でわかる。
・数字をクリックすると意見を閲覧することができる。

図9.3　アクティブ・ラーニング用WEBアプリケーション「AIAIモンキー」
タブレットやスマートフォンを用いて、授業に参加している児童・生徒の意見を可視化・分類できる。画面は千葉大学「ベンチャービジネス論」で実際に用いたもの。

しています。

夢を語ることにより脳が活性化して効果があるといった話を聞いたことがありますが、夢は脳に刺激を与え実現するための情熱も湧き出させてくれるのかもしれません。あれを実現したい、これを実現したい、そうすればこんな世の中になる、そして十分な利益が出れば、次はこんなことをしてみたいといった夢の良循環スパイラルが、やる気と情熱を加速します。

情熱は多くの困難を乗り越える力を与えてくれます。現在の私の夢は、3年以内にグローバル企業になるというものです。わくわくすることで頭の中があふれています。

②　人間力でファンを作る

人間力って何でしょう。文部科学省のページには、「自分と周囲の人々や物事との関係性を理解する力」との記載があります。ウィキペディアでは「社会を構成し運営するとともに、自律した1人の人間として力強く生きていくための総合的な力」となっています。

ビジネスの世界では「この人と一緒に何かしたい」と思ってもらえる魅力ではないかと考えています。プロジェクトや夢の実現のためには、協力してくれる人や応援してくれる人が必要です。その人たちが本気で関わってくれるためには、構想やロジック以上に、誠実さや相手を思いやる気持ち、夢や情熱を隠さず表現する素直さといったことが重要ではないかと考えています。

③　あくなき探求心

探求心というものは、起業家に限らず人間の成長には欠くことができないものだと思います。当社の求める人材は「新しいことにチャレンジできる好奇心旺盛な人」として、アインシュタインの言葉を引用しています。

I have no special talent. I am only passionately curious.

探求心があると自分で考え行動するので、「指示待ち仕事」と比べて何倍も仕事が楽しくなるはずです。新しいことにチャレンジするエネルギーはプラスの相乗効果を生み、一緒に働く人々に大きく影響を与えていきます。

特に当社のようにITビジネスでは、めまぐるしい変化のスピードについていくためにも探求心は不可欠です。立場や年齢にかかわらず探求心の欠如は停滞の始まりです。そんな仕事ではないから、もう若くないからといった言い訳は無用です。誰でも「これはなに？」「どうなってるの？」といった興味をもつことがあると思います。そのときにひと手間加えて、それを調べてみるといったことから始めるのもよい方法です。

起業を考えている読者へ

たしかに起業してベンチャービジネスを継続していくには、相当なエネルギーと体力・精神力が必要となります。数々の困難が次から次へとやってきますのでストレスを溜め込まない「鈍感力」も必要かもしれません。

しかし、すべてに卓越したスーパーパースンでないと起業できなかった時代は終わりました。平成から元号も変わろうとしている2018年、ビジネスのやり方は変化し続けています。AIやロボットなどを活用した新しいビジネスがどんどん創出されています。起業で失敗したら人生も棒に振るといった考えは古臭い過去のものです。何回も失敗を重ね大成功を収めた例もどんどん現れています。

根性論での起業ではなく、夢をもって楽しくスタートするといった起業が増えていくと考えています。自分の思い描いた夢の実現のために、まずは小さな一歩を踏み出してみてください。

アイデアを形に！　夢の実現！

平山 喬恵（ひらやま たかえ）

千葉県出身。千葉県立千葉高等学校を卒業後、千葉大学法経学部経済学科にて社会学を専攻。25歳で結婚、その後夫の赴任先である米国ロサンゼルスに在住。帰国後は、家業であるニット服飾メーカーの専務取締役に就任し、自社ブランドを立ち上げ企画・生産・販売を手がける。次女出産後の1998年に有限会社アクティブブレインズを設立し起業。

株式会社アクティブブレインズ

1998年に千葉市中央区の自宅マンションの6畳間で起業。事業内容はICTを活用したサービスの提供。ICT学校サポート事業、受託開発、自社ブランドWEBアプリケーションの企画・開発・販売、WEB情報サロンの企画・サービス提供などを行っている。2018年には、自社ブランド商品として、アクティブ・ラーニングツール「AIAIモンキー」、簡単穴あき問題作成ツール「あなうめ君」、業務報告・連絡・相談ツール「ほうれんそう名人」などの販売提供を開始。

2005年 内閣府男女共同参画局「女性のチャレンジ支援賞」受賞。

10　ベンチャー起業とお金の話

牛田 雅之

はじめに

わが国の廃業率と開業率の関係が廃業＞開業という状態になって 30 年近くになります（図 10.1）。これはすなわち事業所・会社の数が減り続けているということであり、あたかも人口が減少に転じた国家が成熟段階を経て徐々に衰退していくことと同じく、国の産業力が衰えていくことにほかなりません。いわゆるバブル崩壊（1980 年代終盤）以降、ずっとその状態が続いているので、今の学生が生まれてこのかた、日本の産業力の基盤は縮小の一途をたどっていると言えます。

（1）企業（個人企業＋会社企業）

（%）

	開業率	廃業率
81 ～ 86 年	4.3	4.0
86 ～ 91 年	3.5	4.0
91 ～ 96 年	2.7	3.2
96 ～ 99 年	3.6	5.6
99 ～ 01 年	5.8	6.8
01 ～ 04 年	3.5	6.1
04 ～ 06 年	5.1	6.2
09 ～ 12 年	1.4	6.1
12 ～ 14 年	4.6	6.1

（2）事業所

（%）

	開業率	廃業率
81 ～ 86 年	4.7	4.0
86 ～ 89 年	4.2	3.6
89 ～ 91 年	4.1	4.7
91 ～ 94 年	4.6	4.7
94 ～ 96 年	3.7	3.8
96 ～ 98 年	4.1	5.9
98 ～ 01 年	6.7	7.2
01 ～ 04 年	4.2	6.4
04 ～ 06 年	6.4	6.5
09 ～ 12 年	1.9	6.3
12 ～ 14 年	6.5	6.6

図 10.1　開業率・廃業率の推移
［総務省「経済センサス」などをもとに作成］

このため、国や地方自治体は開業率を上げようとさまざまな起業支援策を打ち出しており、特に2012年末の自民党安倍政権誕生以降は積極的なベンチャー支援予算[*1]が打ち出されたため、今、日本の国は絶好の起業チャンスと言うことができます。

また、いわゆる団塊の世代が大量に定年退職を迎え、「元気でお金のあるシニア」が消費市場の一大勢力となってきたことや、人工知能・IoTなどの先端技術の実用化により、さまざまな分野でこれまでにない新たな市場が形成されるようになり、そこにベンチャービジネスの成功チャンスが増えています。

お金は企業の血流

起業とは言うまでもなく事業を起こすことです。事業とは端的に言うと「金儲け」です。これには異論があるかもしれません。社会貢献として事業を行う人、自己実現のために起業する人、いろいろな目的があって然るべきですが、あなたがよほどの資産家でもない限り少なくとも金が稼げないと事業として継続することはできません。事業にとって金（資金）は生き物にとっての血流であり、血流が止まると命が維持できないのと同様に、事業（企業）は資金が流れないと倒れてしまいます。

読者のなかには財務諸表（バランスシートだの損益計算書といった見慣れない単語と細かい数字が並んだ表）を学習したことがある方もいるかもしれません。こういった表はいわば企業の健康診断の結果表であり、ある企業が健康体なのか病んでいるのかを外から判断することはできますが、健康診断の結果に大きな異常がなくてもある日突然血流が停止して死亡することがあるように、企業も財務諸表はそれほど悪くないのに突然倒産することがあります。いわゆる「黒字倒産」とか「勘定合って銭足らず」という状態で、血流（＝資金繰り）が止まることによって引き起こされることが多いのです。

運転資金

なぜ外から見た健康状態は問題なさそうなのに資金繰りが止まるので

しょう。そのからくりのキーワードの一つが「運転資金」、端的に言えば「入金と出金の時差」です。仮にあなたが何か商品を仕入れて、自分で店を開いてそれを売る事業を立ち上げようとしているとします。あるいはソフトウェアやスマホのアプリを開発する事業でもよいです。まずは商品を仕入れたり、店舗や事務所を借りたり、パソコンや机を買ったりする必要がありますが、それらに伴う出費はすべて現金で出ていきます。一方、商品の仕入れについては、あなたの会社の業歴が長くなって信用力がついてくると「2か月後支払い」などいわゆる掛け売りをしてくれることもありますが、事業を立ち上げたばかりのあなたにはいっさい信用力はないので、誰も掛け売りなどしてくれません。

さて、やっと仕入れた商品が売れたり、開発したソフトが納品できたりしても、大切なお客さんに「支払いは来月にしてね」と頼まれると断れない。つまりモノは売れても現金は今月は一銭も入ってこないのです。単純化していえば、ある商品を5万円で仕入れて、3万円の経費をかけて10万円で売れたとすると、財務諸表上は売上高10万円、粗利益5万円、経費3万円で税引前利益2万円、と立派な黒字決算になりますが、実際の資金繰りは入金ゼロ、出金8万円で、しめて8万円の赤字となるのです。もちろん起業にあたっては資本金（元手）があるので、最初の月のマイナス8万円でいきなり倒産するわけではありませんが、資本金があまり多くない起業の場合は数カ月で資金ショート（資金が枯渇すること）となります。

借入金と補助金

事業立上げ当初の運転資金（＝入出金ギャップ）を埋めるものとして、資本金のほかに借入金や公的補助金（助成金）があります。

まず借入金について考察してみます。借入を申し込む相手は、親戚・知人友人など個人の場合と、銀行に代表される金融機関の場合とがあります。企業である以上、銀行など金融機関から借りるのが本来の姿ですが、残念ながら銀行があなたの会社に今お金を貸すことはまずないと考えてください。まず、あなたがよほどの資産家で十分な担保を出せない限り、銀行が新しく起業したばかりの会社に貸すことはありません。もちろん彼らは「事業計画を見せてください」と言って一応話を聞いてくれますが、どんなに立派な事業計画を出しても次には必ず「担保はありますか」と聞いてくるでしょう。担保とは、借入金額に見合う価値のありそうな不動産です（残念ながら大部分の銀行は未だに不動産しか担保としての価値を認めてくれません）。結局は起業当初のあなたにお金を貸してくれるのは親類や知人友人しかいないのです。ただ期限や利率をきっちり定めずいわゆる出世払いの約束で借金するくらいなら、資本金としてお金を出してもらい、株主としてあなたを支えてもらうようにお願いすることを考えるべきです。そのほうがあなたも返済期限を気にしながら資金繰りをする必要はないですし、何よりもあなたが事業に成功したとき資本金のほうが何倍にも増やして返すことができます。ただし、資本金としてお金を出してもらい会社の株を彼（彼女）にもってもらう際は、株の持分比率によって経営に口出しされることがあるので、慎重に「資本政策」を検討することが必要です。

さて、銀行も貸してくれないし、金持ちの親戚・知人もいない場合、どうすればよいでしょうか。冒頭で述べたとおり、国の起業奨励政策を背景に、国レベルから地方自治体レベルまで、さまざまな補助金（助成金）が用意されています。これらにあたってみることをお勧めします。国レベルの補助金・助成金は大学などとの共同研究開発などを行っているベンチャー企業なら可能性がありますが、そうでない場合は各自治体やその外郭団体で業種や規模に応じたいろいろなメニューが用意されているので、担当窓口で相談してみるとよいでしょう。

千葉県においては以下の機関が対応しています。

●公益財団法人 千葉県産業振興センター
http://www.ccjc-net.or.jp/

●公益財団法人 千葉市産業振興財団
http://www.chibashi-sangyo.or.jp/

ただこのような補助金・助成金で気をつけなければならない点として、①事業経費全額が補助されるものは少なく、予算の 2/3 補助などいうケースではめでたく採択されたときは1/3は自腹となること、さらには②補助金をもらえるタイミングが年度終了後とかすべての計画事業が終了したとき（補助金によっては2、3年後）というものが多く、補助金をもらえるまでは自腹で必要経費を払わないといけないこと、があります。いわば補助金・助成金にめでたく採択されたことによる、新たな運転資金需要が発生するのです。冗談ではなく、補助金にあたったがために資金繰りに詰まって倒産した例もないわけではなく、採択されたけど辞退するなどいうことにならないよう、申請にあたっては必要な自腹が切れるかどうかの資金繰りを慎重に検討する必要があります。もっとも県や市が運営する助成金に採択された場合は、運転資金を融資してくれる銀行も最近はあると聞いていますので、その意味では信用力をつけるための力試しとして申請してみることをお勧めします。幸い、上記のような機関にはアドバイザーやコーディネーターという肩書でベンチャー企業の相談に乗ってくれるスタッフが常駐しているので、気軽に訪ねてみてください。

資本金

会社に限らず個人でも同じですが、借金はしないに越したことはありません。返済期限のプレッシャーは経営者に大きな精神的負担を強いるし、そもそも金利がもったいない。補助金・助成金も金利こそつかないものの一定の成果を求められる一種の借金であり、申請手続きの煩雑さも貴重な時間のロスを生みます。

やはり事業の元手である資本金は手厚く積んでおくことが望ましいです。資本金の手厚さは資金繰りの赤字にどれだけ耐えられるかのメルクマールであるため、特に研究開発型のベンチャーで起業当初はしばらく収入が見込めない場合には一般業種より手厚くしておく必要があります。また資本金は「無原価資金」とも言われ、借入と違って金利などのコストがかからない資金です。もちろん利益が出るようになると配当という形で余剰資金を分配する必要がありますが、配当することは強制ではありません。株主が同意すれば利益が出ても配当をしなくても構わないのです（無論、余剰資金を配当せずに再投資して利益を拡大し、より大きな配当を目指すといった経営者の株主に対するコミットメントが必要です)。

あなた（創業者）自身が手厚い資本金を出して会社をスタートさせるのがベストですが、それほどお金がない場合、最初に頼るのは親や親戚、知人友人でしょう。創業者自身の次に親族や友人から出資を受けることをアメリカでも family and friend round（of finance）と言いますので、万国共通なことだと思われます。余談になりますが、親には出資してもらってもいいが兄弟はやめたほうがいいという言い伝えがあります。事業がうまく行かなかったときに兄弟からの出資はもめるケースが多いということのようですが、なんとなくわかる気がします。

さて、自分自身も家族友人からも出せるものはすべて出したうえで、事業がある程度順調に拡大したときにノックすべきものがベンチャーキャピタル（VC）に代表される投資会社です。VC はあなたの会社の事業計画を詳細かつ慎重に分析検討し、今あなたの会社に出資して株をもてば何年後に何倍で出資金を回収できるかを予想します。銀行の利子が 1%だとしたら、今銀行から借りる 1,000 万円は 1 年後に 1,010 万円を返せばよいのですが、VC が期待するのは今出資する 1,000 万円は数年後には 5,000 万円とか 1 億円になって返ってくることです。その意味では投資会社はきわめて貪欲な金融機関ですが、一方でそれだけのリターン（投資倍率）を得るために投資した先にさまざまなバリューアップの方策を提示してくれるのが常です。あるときは得意先候補の紹介だったり、あるときは経営強化のための人材紹介だったりするでしょう。VC による投資先に対するこのような支援活動をハンズオンサポートといい、よく「経営者との二人三脚」とも例えられます。

一方で、VC にあなたの会社の株をもたせるということは、その分（発行済み株式数のうちの VC がもつ株式数の比率）だけ経営に対する発言権を与えるということも意味します。どういう権利があるかは持株比率によって異なりますが、重要なものとしては 50%を超えると経営者（多くの場合、あなた自身）をクビにする権利があるし、33.3%を超えると事業の目的を追加・変更したり、ほかの企業に事業を譲渡したりすることに拒否権が発生します。このように VC から出資を受けるということは、あなたの会社の支配権を切り売りすることにほかならないので、くれぐれも慎重に行うべきです。具体的には、あなたが本当に信頼できると思うVCの担当者（ベンチャーキャピタリスト）と、あなたが会社を将来どうしたいのかについてとことん議論したうえで「資本政策」を作成することになります。資本政策は初心者には作成が難しいので、ぜひプロであるベンチャーキャピタリストか、ベンチャー支援の経験が豊富な税理士・公認会計士などに相談することをお勧めします。

またエンジェル投資家といって、ある程度の資金と企業経営の経験などをもった個人が事業の主旨に賛同して数百万円から数千万円を投資してくれることが日本でも増えてきています。エンジェル投資の市場規模はまだアメリカの1%にも満たないですが、VCと違って投資回収に関する要求が緩いこと、エンジェル自身の経験や人脈を提供して創業者の相談相手やメンターになってくれることも多く、最近ではVCから資金調達する前にエンジェル投資を受けるスタートアップ企業も多くなっています。

あわせて必要資金が比較的少ない場合、業種や事業計画によってはクラウドファンディングを活用するのも選択肢として検討できるでしょう。

最後に起業に関して私が好きなエピソードを紹介します。図10.2はカリフォルニア大学サンフランシスコ校にある銅像で、アメリカを代表するバイオベンチャー、ジェネンテックの創業に関わったボイヤー博士（右）とベンチャーキャピタリストのスワンソン（左）の会談の様子です。博士の遺伝子組換え技術に着目した29歳のスワンソンは10分でいいからと博士に面談の約束を取りつけたが、白熱した議論はビール片手に3時間に及び、ついには両者が5,000ドルずつ出してジェネンテックを設立したのです。同社はその後大成功を収め2009年に約1,000億ドルの時価総額で世界的製薬企業ロシュに買収されました。

まとめ

企業の活動は社会貢献や雇用の確保といった点でも評価できますが、最終的には金を儲けたかどうかで成否が判断されます。なぜなら金を儲けられなかった企業には死があるのみだからです。

図 10.2　ジェネンテック創業者の銅像

起業にあたっては特にお金に注意を払う必要があります。元手として資本金を手厚く集めるのか、それとも借入金で賄って自分の経営には誰にも口出しさせないようにするのか。また、収入が安定しない間、入出金のギャップ（＝運転資金）はそれらで穴埋めできるのかどうか。起業直後から経営がある程度安定するまで、創業者の苦労の半分以上がお金にまつわることだという起業経験者は多いです。

読者諸君にはぜひ上のジェネンテックのエピソードを記憶の片隅にとどめつつ、起業家として自身の夢にチャレンジしてほしいと願っています。

＊1　平成 24 年度補正予算における「ベンチャー創出のための政策パッケージ（予算要求額 1,000 億円）」のうち「女性・若者による起業・創業支援補助金 200 億円」など。

牛田 雅之（うしだ まさゆき）

1957年生まれ、福岡県出身。合同会社マイルストーン 代表社員。株式会社医学生物学研究所 社外取締役や、独立行政法人中小企業基盤整備機構 チーフアドバイザーなどを兼務。大手銀行を退職後、ベンチャーキャピタル業界へ。最近20年間はおもにバイオ・医療業界での投資や経営支援活動を行ってきた。その間、投資家・ベンチャー双方の視点からベンチャー企業経営に携わる稀有な体験を得る。現在はさらにシーズを提供するアカデミアの思い、それを事業化する起業家・経営者のハート、そしてそこに投資する投資家のマインドすべてを理解したうえでのベンチャー起業・経営支援にあたっている。

合同会社マイルストーン

大学・アカデミア等の研究シーズをもとに起業するスタートアップの支援業務を行っている。特に収益計上までの期間が相対的に長い研究開発型スタートアップでは、起業直後から資金調達の悩みがつきまとうが、そんな時に起業家に寄り添い、伴走しながらお金の問題を中心に起業家に立ちはだかるさまざまな困難に立ち向かい、起業家と一緒にこれを乗り越えることを目指している。社名の由来は、起業家を無事に目的地に導く道標（マイルストーン）でありたい、との願いから。

11　ベンチャーは会社に入ってもできる

エンジニアが行った特許実践例

藤原　邦夫

大学卒業後、水処理の会社に入った私は、特許を取ることの重要性を痛感させられる二つの出来事に遭遇しました。会社員時代は一般の技術系社員としては多い110件程度の特許を出願。60件程度を権利化しました。

私の場合、エンジニアリング会社に就職しましたが、多くの協力者を得て、素材ベンチャーを始めることができました。この事例からも、ベンチャーは会社に入ってもできることを強調したい。何故なら、経営者の責務は会社の永続的な発展であり、社内ベンチャーを育てなければならないからです。

特許の重要性とは

大学卒業後、水処理の会社へ

私は1973年に荏原インフィルコ株式会社という会社に就職しました。上水、下水、ごみ処理などの公共事業や民間の純水製造や廃水処理の装置を設計・製造している会社です。その会社で、試験課に所属し、さまざまな水の分析と処理試験、そして比較的短期的な開発、試運転などを担当しました。例えば、営業がある水を現場からサンプリングして、それを、水質分析して報告する、あるいは処理試験を行ってその結果を報告する部署でした。私は工業用水や純水に関連した仕事をしました。

特許出願は競争である

民需では新しい技術の提案が可能で、しかもほとんどの場合、他者との技術競争があります。そのため提案する技術は特許によって守る必要があります。私は、二つの技術分野で、特許に関連して痛い目にあっています。

一つは、発電所の純水装置の運転方法についてでした。現場で、顧客の若い担当者から「おたくの技術はライバルのA社の特許に触れるのではないですか？」と言われました。「特許が成立していても、していなくとも、特許的に問題のある技術は困る」と言われ、商売を失ってしまったわけです。このとき、特許はおろそかにできないと気づかされました。

もう一つは、石炭火力発電所の排ガス処理に伴って発生する排水の処理についてでした。今度はライバルのB社が先に特許を取っていて、うちは後だった。しかも、その差は数週間か1カ月程度であったと思います。特許で先行され、国内の石炭火力の市場がB社によって占有されてしまったのです。100億円を超える市場を特許の問題で失いました。

ここから得られた教訓は、特許の申請や取得は重大な問題であり、今後、同じ間違いはせず、アイデア創出の段階で特許出願はしようということです。開発の先端で努力していれば、誰でも似たようなレベルになります。自分が出願しないと、他社が出願してくるのです。ちょっとしたアイデアを、特許を書くのが面倒だからといって放置しておくと他社から出願されることもあります。開発者は自分のアイデアが特に優れていると思いたいのですが、切磋琢磨している先端技術分野では、他社の開発者も同じようなことを考えていると思っていたほうがよいのです。

特許の先にある「実用化事案」

入社してから12年経ったところで、日本原子力研究所高崎研究所（原研高崎）に派遣されました。原研高崎で3年間、外来研究員として研究しました。この間、放射線グラフト重合法を習得しました。そこで指導してくださったのが須郷高信さんです。須郷さんから、会社から原研に派遣されてくる者の心得を教わりました。それは「企業から派遣された者にとって、論文を1報、土産としてもち帰っても意味がない。もち帰るべきは、特許であり、さらに実用化事案である」という教えでした。

研究成果によってお金を稼ぐという事実は100報の論文や特許よりも

重要であることを教わったのです。それ以降、定年退職するまで、放射線グラフト重合法による機能材料の開発をずっと続けました。現在は、須郷さんが設立し、代表をしている株式会社環境浄化研究所（KJK）に入り、放射性物質除去用繊維の開発に携わっています。

これまでに多数の特許を権利化

グラフト重合関連の特許 96 件とその他 20 数件をあわせて 110 件程度出願しました。このうち、権利化（取得）したものは、60 件程度です。一般の技術系社員としては多いほうだと思います。特許で痛い目にあったため、意識的に特許を出願しようと考えるようになりました。特許の原稿を初めて自分で作成したのは特願昭 57-49891「排煙脱硫脱硝排水の処理方法」です。昭和 57 年（1982 年）のことです。この特許は自分の考えが活かされていたので、ぜひ、自分の手で書いてみたかったわけです。

社内ベンチャーの設立

私がいた会社には新しい技術や製品を事業化するための開発企画部という部署があり、国の研究機関や大学に技術習得のための人材を派遣していました。私もそこに属し、原研に派遣されたのです。この部署は、金を稼げそうな技術に対しては、人・モノ・カネをバックアップできる組織です。ほかのことは組織に任せ、私は技術開発に専念できました。

そして 2000 年、私が開発した放射線グラフト重合法を基盤技術とした社内ベンチャー、株式会社イー・シー・イーが設立されました。私はその時点で多くの成果を特許にしていましたので、間接的に他社の参入を防ぐことができた、と聞いています。入社当時の教訓を活かし、開発技術と特許でベンチャーを支えたのです。

会社で成果を出すには協力者が必要です。私の場合は組織が協力し、社内ベンチャー設立にまで至りましたが、組織がない場合でも提案制度を利用するなど会社にアピールし、協力者を得ることが重要です。

どのように特許を権利化するか

特許の審査から登録までのプロセス

特許は、出願すると1年半で公開されます。出願から3年以内で審査請求することになっていて、最近は、特許審査がスピードアップされました。審査請求後は、昔は時間がかかりましたが、現在は迅速に進められます。

拒絶理由は必ず来ます。機械検索で特許はサーチされると、そのなかで4～5件を引用し、拒絶を食らいます。審査官は当然のことながら、内容を深くは理解できないため、キーワードだけで拒絶引例とする場合が多いように思います。

拒絶理由への対策に王道はありません。拒絶理由に対する反論は、拒絶理由通知書のなかに引用されている公知文献のどの部分が本出願と同じか、または容易に類推可能か記載されていますので、じっくり本出願と引例を読み、引例の不当性を主張することです。引例を本出願と同様、丁寧に読み、その文言がどのような背景から生まれたのかを解析する必要があります。本出願の狙いと違っている場合があるからです。

拒絶理由の書類の発送日から60日以内に反論を提出する必要があります。通常、会社では「特許庁→特許事務所→会社の知財→発明者」と回るので、書類が手元に届いたときにはあと1週間しかないということが多くあり、忙しくなります。

特許庁は「特許情報プラットフォーム」というサイトをもっていて、過去の特許のキーワード検索など、大変利用しやすくなっています。第1回目で反論しても、第2回目の拒絶理由通知書を受け取る場合があります。その対応に時間がかかると、すぐに1年が経ってしまいます。

自分で特許を書いてみる

自分で特許を申請する理由は、費用が安く済むためです。最近、放射性セシウム除去材の特許を出願するのに、名のある特許事務所経由で出願したところ、何十万円も請求が来ました。特に、KJKのような中小企業にとっては、特許出願の負担額が重いのです。自分で特許庁の窓口にもって行けば、特許印紙代の14,000円で済みます。名のある特許事務所に頼めば、口頭の指示で事務所が書類を全部作成してくれるかというと、そうではありません。事務所の担当の方は、理系の方だとしても、こちらの技術の根幹を理解しているわけではないため、拒絶に対する反論を発明者自身が作成する必要があります。

会社の知的財産部の担当者にしても、特許事務所の担当の方も、いずれ固定されてくるので、一連の特許を処理すると、その技術や周辺の技術がわかってきます。そうすると、細かい文言を作成せずとも補完してくれます。そうなれば大いに助かります。

特許を書くうえでの留意点

特許を書く場合は、先行技術を調査し、自分が出願する技術との差異を明確に理解していなければなりません。先行技術を知り、その課題をあげる。そして、その課題を解決する手段があれば、明細書のシナリオが書けます。自分の研究テーマでは、つねに関連分野について論文や特許など先行技術を調べているでしょうから、すぐにでも出願できるはずです。特許を2～3件書けば、大体の要領がつかめてくると思います。

出願する特許のなかにも重要な特許とそうでない特許があります。例えば、重要な特許は、現実に使用している吸着材の製造方法や吸着方法に関するもので、これには拒絶査定をもらっては困ります。そこで、なるべく詳しく明細書や請求項を作成します。最初の出願をある程度、減縮されることを想定し書いておくことです。具体的に例をあげると、「前照射グラフト重合方法が好ましく、線量は10～200 kGyが好適であり、特に好ましくは20～50 kGyがよい」といった文言を記載しておけば、これらの数値をより減縮した範囲で請求項に加える場合もあります。

また、事業に直接関係がないような特許ではあるが、他社に出願されたら困るような特許は出願しておくに越したことはありません。拒絶査定が来ても、最終的に拒絶を承服すればよく、その特許技術を他社も実施できますが、自社でも実施できます。他社が特許を取ってしまうと、その技術を自社で実施できなくなります。

審査官の心証も重要？

アメリカに出願した特許のために海外出張することになったこともあります。クリーンルーム用ケミカルフィルターの事業を事業本部が扱うことになりました。海外への展開を考えていたため、アメリカでの特許成立が必要になったのです。ところがアメリカで拒絶査定が出たため、インタビューを申し入れたのです。関連資料がA4の紙のファイルで3～4冊になりました。引例が英文ですから、英語を読まねばなりません。インタビューには、こちら側のアメリカ人弁護士が向こうの審査官と面談しました。当社の知財の担当者、当社と契約している日本の特許事務所の方、そして私がその場に同席するという形で面談が1時間ほど行われました。アメリカ人弁護士との事前打ち合わせを2日間ほどやったように記憶しています。このときには英語力が必要と痛感しました。

日本からわざわざ出張してきてインタビューに臨んだことで、審査官の心証がよくなったようで、特許成立に成功しました。しかし、時間を相当に取られました。

千葉大学での成果を民間で実用化

ベンチャー、そして大学へ

37年間務めた荏原を退職後、KJKに入社しました。自分には技術貢献しかできないのに、実験場所が不足していました。須郷社長の盟友の千葉大学工学部の斎藤恭一教授の研究室で、グラフト製品を昔から開発してきているから、そこに籍を置くのがよいだろうとの判断から、千葉大学の博士課程に入学させていただきました。

KJKの技術案件を随時検討し、解決していくなかで、これまでの経験やノウハウを学生に教え、成果をまとめながら3年間で学位をいただけるかもしれないと考えていました。

図 11.1　反応釜での実験

東日本大震災後の研究開発

しかしながら、入学した途端、東日本大震災が発生しました。斎藤研究室がそれまでのテーマをすべて一時凍結し、放射線グラフト重合法を適用して放射性物質除去用吸着繊維の開発に取り組むことになりました。この時点で、自分のテーマと斎藤研究室のテーマが一致したので、研究活動は優秀な学生に任せ、自分は千葉大学の成果を KJK に移転できるようにすることに役割が変わりました。

研究室のビーカー実験を工場の反応釜でも再現できるようにするには、「液繊維比」という考えが重要です。大学の実験室では一定量の繊維に対して、ほとんど無限大の量の反応液を使って反応させます。例えば、1 g の繊維に対して 1 L の反応液を使って反応させます。ところが、そんな液繊維比に沿って工場で反応させた場合、ほとんどの反応液が消費されないまま捨てられることになります。このような無駄を避けるために、グラフト重合するモノマーは繊維の何倍量必要かということを実験室で決めています。

特許出願にも貢献できました。東日本大震災から 7 年が経ちましたが出願件数は 30 件になっています。KJK では吸着繊維の売上が立ち始めています。

会社員の発明

特許より大事なモノ

特許より重要なもの、それは「ブランド」です。しっかりしたモノやサービスをつねに顧客に提供していくことによって生まれる信用です。「あそこの製品なら……」と納得すれば、高くとも購入します。

顧客満足度がもっとも高いのはディズニーランドです。東日本大震災でも従業員の目がどこに向いているか、あのような状況になると一瞬でわかります。昼間の地震でしたから、お客さんが園内に何万人もいました。電車をはじめ、交通機関がすべて止まり、ほとんどの客は園内に閉じ込められました。寒風のなか、夜を過ごさねばならなかったとき、ほとんどすべての施設を開放し、土産物のなかで暖をとれるものは無償で提供したのです。

同じ状況にありながら、JRは渋谷駅のシャッターを閉め、途方に暮れた客を外に放り出したのです。石原都知事がそれを知って激怒した話はよく知られています。

職務発明は誰のものか

職務発明がよく世間で話題になりますが、会社で成した仕事によって特許を取得したのなら、その特許は会社のものとの考えは当然だと私は思います。会社の施設、人、研究費を使って研究できたのですからあたり前です。

2014年、青色LEDの発明で中村修二氏がノーベル物理学賞を受賞しました。会社に居させてもらっていたから研究ができたのに、感謝の言葉が少ないと思います。アメリカではノーベル賞受賞者が1ドルで会社に権利を譲っていました。

ほかの2人の受賞者のうち、特に、天野教授はよいことを言っていました。「ほかにも優秀な人が一杯いるなかで、そんなに優秀でもない自分がコツコツ研究を続け、ここに至ることができた。そういう意味で多くの若者にも勇気を与えられるのではないか」。理系学生も会社に入れば、コツコツと研究を続ける人がほとんどなのです。スーパーマンになる必要はありません。中村氏は「30年、40年と会社に居続けるアホ」と言っていますが、田中耕一氏（島津製作所フェロー）がサラリーマン研究者の頂点であると私は思います。

起業を考えている読者へ

第一に、起業は会社に入ってもできるということです。先を考えた経営陣の理解があれば、社内ベンチャーを興せると思います。給料は会社から当面軌道に乗るまでいただき、自分のやりたいことに専念できるわけです。第二は、起業するしないにかかわらず、高い志をもち、協力者を得ることです。そうすれば、新たに起業するどころか、入った会社の本業そのものを変えられると思います。

藤原 邦夫（ふじわら くにお）

1950年生まれ、京都府出身。立命館大学理工学部化学科卒業。荏原インフィルコ株式会社に入社後、主としてイオン交換樹脂による純水製造方法の開発に従事。1985年日本原子力研究所に派遣され、放射線グラフト重合法を習得、この技術を荏原に定着させる。株式会社イー・シー・イー（社内ベンチャー）の主要技術を確立、2010年退職。株式会社環境浄化研究所入社と同時に千葉大学大学院工学研究院博士課程入学、放射性物質除去用吸着繊維を開発。2015年3月博士（工学）取得。

12 ベンチャーの「常識」を疑おう

緒方 法親

なぜアントレプレナーシップを学ぶのか

この文章を書くためにiPhone Xを使っています。私たちの生活を囲む電気・電子デバイスは日々重要性を増し、情報通信は道路と同じようなインフラストラクチャーになっています。その背景には半導体集積回路の高集積化があり、日本のものづくりが活かされてきました。実際、1980年代には日本の半導体集積回路産業は産業のコメと呼ばれ、非常に盛んでした。ところがその後、諸外国の企業が優れた製品を相次いで開発し、株式会社日立製作所と日本電気株式会社（NEC）が合同で作ったエルピーダメモリ株式会社が2013年に経営破綻したことに象徴的であるように、日本の半導体産業は凋落しました。この経過を振り返り「失敗の原因」を追求するさまざまな研究も行われています。もちろん現象には原因があり、うまく見つけて解決することができたのかもしれません。私は生物学からキャリアをスタートさせたので、恐竜が絶滅した原因について楽しく想いを巡らせるのですが、絶滅の原因はそのまま人類が進化してくる理由にはなりません。ほとんど確かだと言えることは、盛者必衰の理であり、生態系は更新されるということです。この更新作用を経済成長の原動力と捉え、よりよい更新を目指すための理論がイノベーションの体系です。

これを体系化したドラッカーは、1965年から1985年までにアメリカの就業者人口が7,100万人から1億人に増加した現象を分析し、新しい雇用の大半が新興の中小企業によって創出されていたことを示しました[1)]。このように起業家の牽引する経済を起業家経済と呼び、持続的な国家経済成長の要点と考えられています。日本の内閣府も開業率と経済成長には因果関係があると分析し、開業率と廃業率を高めることや事業転換を進めることによって経営資源の速やかな移動が促進された結果として、成長力を高めるとしています[2)]。そして、日本経済を起業家経済で牽引するために、千葉大学の「ベンチャービジネス論」の講義が成立しています[*1]。

私も同じ論理の出発点から、理工系学生だった当時アントレプレナーシップを学ぶための講義を取ってきました。そしてこの知的体系に触れるにあたって、ふだんの研究活動と同様に原著にあたったところ、「ハイテクは象徴に過ぎない。起業家経済の中心はローテクである」との記述に仰天しました[1)]。そもそもハイテクは理解して扱うことのできる人間の数を限定するものですから、雇用をあまり生まないことは納得できます。しかしドラッカーによれば、生産価値においてもローテクがハイテクを大きく上回っているのです。ハイテクベンチャーが起業家経済の少数派であるなら、理工系の学生、院生、技術者が学ぶべきアントレプレナーシップは一般的なアントレプレナーシップからどのように変化するでしょうか。この問題を解いていくためには、まず一般的なアントレプレナーシップを知らなければなりませんでした。

どうやって学ぶのか

私は博士課程在学中にバイオインフォマティクス上の発見をしたので[3)]、この発見を社会実装するためのサービス提供事業を始めることにしました。当時遺伝子のメディアである塩基配列の測定技術が数億倍にスループットを増大させ、生物データの解析サービスが求められるようになってきていました。そして、ある数式を応用することがそれらのデータを解析するためにとても効果的であったのです。

起業の準備をするために大学の起業支援センターに足を運び、売りたいものの説明と支援の依頼をしました。支援に先立って支援センターが主催するアントレプレナーシップのクラスを受講する必要があり、これを受講したところ、不思議な世界に吸い込まれていきました。ここから少しの間、くだらない情景の記述が続きますので次の段落は読み飛ばしてかまいません。

最初のクラスでは講師が登壇するなり受講者を叱りつけました。社会人であれば、セミナーに参加するときに荷物は1カ所にまとめておくそうです。受講者の学生が講義室の自席の横や下にカバンを置いていたことは非常識であるとし、また、飲み物をもっていた者は咎められました。講師の氏名を検索すると、セミナーを行う会社の講師でした。次のクラスの講師は社会人の心構えなどを披露してくださいました。やはり氏名を検索すると、ビジネス書を何冊も書かれていて、ホームページでは100冊の出版を目的に掲げておられました。さらに次のクラスの講師は、有名な企業の有価証券報告書のコピーを配布しました。私はもう限界でした。アントレプレナーシップのクラスを通じて講師自身のための仕事に付き合うことができなかった私は、自主休講することにしました。クラスの最後の回ではビジネスプランの発表をすることになっていましたので、その準備は進めて当日だけ参加し、審査員から賞をもらいました。結局最後まで、顧客に出会う方法はわかりませんでした。

次の年に入って、起業支援助成金に応募することにしました。これは起業を目指す個人を対象に最大400万円の助成金を出すもので、Twitterの友人に案内をもらいました。応募には条件があり、助成金を管理し助成対象者の起業を支援する組織との共同応募が必要でした。前述の、大学の起業支援センターに協力を依頼すると、ビジネスプランが未熟で採択されない旨を説明されましたが、応募する許可はいただけました。応募すると書類選考を通過し、有機化学の先生に手伝っていただいて最終選考のプレゼンテーションの練習をし、採択されて200万円の減額で採択されました。ところが起業支援センターには協力いただけないことになってしまいました。学生は大学の人間ではないため、学生の予算を大学が管理することはできないそうです。起業しようとすると、この類のはしご外しにはよく直面するかと思います。そのような場合には自分を除く組織のパワーバランスに賭けてじっとしているのがよいと思います。しばらく待っていると、予算を計上してしまった助成元と大学支援センターの間で話がつき、自治体の創業支援センターが大学の支援センターと入れ替わることになりました。他者間のパワーバランスに委ねるのは、資本も権力ももたない私たちにとって最善手の一つだと考えています。

助成金を使って起業をする

かくして、助成金を使って起業することになりました。ここで覚えておいていただきたいのは、助成元、支援組織、私の3者の契約書に年度内の法人登記が含まれていたことです。ここからは200万円がどうなったのかを述べます。まず、間接経費として40万円が支援組織に納められました。それから、支援組織の所有する不動産の賃貸契約で月2万円程度の家賃を納めることが求められました。続いて、特許出願の費用を計上することとなりました。見積もりでは先行技術調査に20万円、出願に40万円とのことでした。20万円で発注した先行技術調査の納品物は特許電子図書館（現在のJ-PlatPat）で「トランスクリプトーム」というキーワードを検索した結果がエクセルに貼りつけられたものでした。当然不満ですので、そのキーワードでは取りこぼしてしまう先行技術の一覧を加えてエクセルファイルを送り返したところ、先行技術調査はなかったことになりました*2。残りの100万円を使って、学会のプログラムに広告を出したり、計算機の開発に必要な消耗品を購入したりしていきました。ちなみに広告への問い合わせは0件でした。

ところで、前述のとおり助成金の契約書には法人の登記が義務として書かれています。契約履行の観点から考えれば、できるだけ早く登記して責務を果たすべきです。しかし、支援組織は、登記にあたって100万円以上の資本金を助成金とは別に用意することを登記の条件とし、それまで登記を凍結すると言いました。年度末が近づくなかで明らかとなった資本金下限設定の理由は、資本金から助成終了後の次年度以降も支援組織に支払う家賃を確保するためでした。家賃を払っていた部屋には入ったことがないのでどのような物件だったのか、価格が妥当であったのかはよくわかりません。支援組織から紹介したい会社があると言われて向かうと、融資枠を準備した銀行でした。彼らの意見をまとめると、起業とは銀行の融資を受けたりしてお金を集めながら、関連の法人の売り上げを作る作業でした。ここにきてようやく起業支援ビジネスのエコシステムを理解したのです。まず、自治体の予算から起業支援枠を作り、これを助成金として起業を志す人の支援を行います。助成金の半分以上は、自治体内に住所をもつ士業の方や第三セクター的な組織の売上となります。その後、起業を志す人の貯金や借金を資本金として登記させた後、助成金と同様に使っていくのです。これに気づいたとき、早期の責務消化を諦め、さきほどと同様に助成元と支援機関のパワーバランスにすべてを委ねることにしました。結果、年度末が近づくと助成元から登記を急かされ、20万円の貯金を資本金に登記することになりました。ここで揉めることになるのが登記住所です。支援組織は支援組織保有の不動産での登記を求めました。法人は法人税の支払いがあり、最低でも年間6万円の出費があります。残りの14万円から月2万の家賃を出すと、会社は何カ月もつでしょうか。約束された破滅を回避するため、4分の1の費用で登記できる建物での登記を希望しましたが、これまでの経緯から容易に想定できるとおり認められませんでした。再び「待ち作戦」が始まり、予想どおり助成元が勝ちました。

起業支援がありがたかったことは確かです。なければ私には何もできませんでした。一方で、起業を通じて学生に借金を作らせ、そのお金を起業支援ビジネス界隈で回収するエコシステムは脅威です。最後まで支援組織は、銀行、士業の方、広告業者などのお金を取る方々のみを紹介してくださり、一度も顧客を紹介してはくれませんでした。以上が私の体験した起業支援です。私たち理工系の人間が研究開発を学ぶプロセスは一般に、基礎座学、実習、応用座学、ラボ配属と進むのではないでしょうか。アントレプレナーシップを学ぶためには実習が足りず、座学で飯を食う人たちに与えられたベンチャーの“常識”に目くらましされたままに借金を重ねることは避けられるべきでしょう。

理系の院生は手ぶらで売上を立てろ

その後私の会社は顧客へのパスを確保するため、私の想定する私の顧客に異なる商品を売っている会社と共働することになりました[4)]。顧客と話すことさえできれば予想どおりサービスは十分に売れましたので、学部から大学院に至るまでに積み上がった私の奨学金も一括返済できています。以上から導き出される「起業を成功させる知識とノウハウ」はなんでしょうか。第一に、大学の敷地を一歩出たなら、そこで誰かが活動するには何らかの経済的な理由があるということです。起業支援の周りには起業支援そのものやアントレプレナーシップ教育を生業とする人たちが集まってきます。彼らの姿勢を学び、彼らのように顧客に継続的にアクセスするためのパスを作らなければなりません。第二に、利益はすべてを癒すということです。私たちの事業は、顧客と出会い、売上が立ったことによって成立しました。売上こそがもっとも大切なものです[5)]。売上が立ってから会計税務労務に取り組んでも少しも遅くはありませんでした。何よりも売上が重要なのです。特に、起業家の少数派であるハイテクベンチャーを志向する理工系の人間は、頭の中に入っている資本が事業の中心であることを認識し、ローテクベンチャーのような体外資本の準備に手を抜いてもかまわないのです。

ハイテクベンチャーの事情

ドラッカーはハイテクを起業家経済の象徴と分析しましたが、これはハイテクや周囲の人が起業に不向きという意味ではありません。当時の起業家経済において中心的な役割を果たしていなかったということであって、ハイテクに親しんでいる人が起業することにはよい点もあります。例えば、新規性を判断するためのスキル、知識は競争力の源となります。英語の論文に目を通して、知見や技術の新規性を自分で把握できる人は社会にほとんどいないのです。ありふれたものと希少なものを見分けることはとても重要です。ありふれたものを無料で配布し、希少なものだけに値段をつけることができれば、ライバルの台頭を阻害し、大きく利益を上げることができるでしょう。

図 12.1 において、水平軸では事業体の量を示し、垂直軸では技術的水準を示します。さまざまな事業体が存在し、それぞれの技術水準でサービスを提供しています。技術水準の原点にはどのような意味があるでしょうか。ここでは、サービスとして提供してお金をもらえる最低水準の技術と考えます。ある額の市場を、技術水準に応じて事業体に配分したことを考

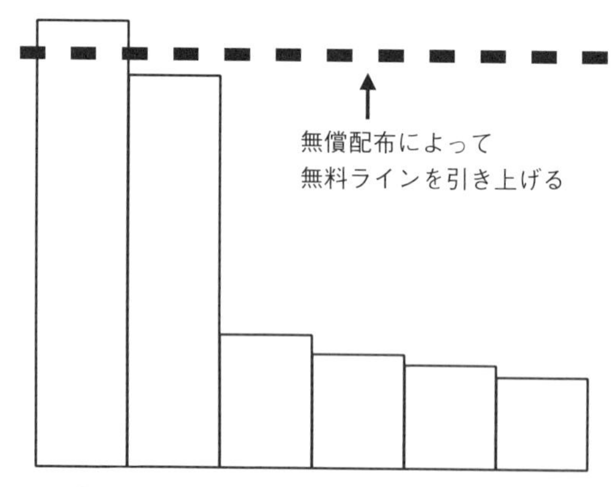

図12.1　ハイテク分野のフリーミアム戦略

えてください。実際には広告と人脈の方が技術水準より優先するため、そのようなことは実際には起こりえませんが、おそらくどこの事業体もあまり儲からないでしょう。ここで、技術水準のもっとも高い事業体がノウハウの多くを無償で公開すると、ほとんどの事業体が技術水準の原点を下回り、サービスを提供できなくなります。前述の市場を分配する事業体は減り、少数の事業体が利益をあげられるようになるでしょう。このようなフリーミアム戦略[6)]が、ドメイン知識を求められる情報処理事業では成り立つと考えています。広告や人脈に技術のフリーミアム戦略が対応できるのは、顧客の情報リテラシーの高いハイテク産業のならではの事情ではないでしょうか。

また、ラボでの研究を通じて、データの共有や管理のためにあたり前のように使っている事務処理技術も、利用できる人間は社会の少数に限定されています。研究から新しい理論を見つけ出すことに比べて、国内で何千人、何万人の人間がすでに成立させている大抵の仕事の難易度は高いことがあるでしょうか。起業に関連した多様な雑務はどれも人類に既知な作業です。雑務の全体を把握することも、今のラボの研究テーマすべてをある程度理解してゼミの議論に参加することに比べてはるかに容易です。理系だからといって法律や条例が読めないわけがありません。先行事例から一歩も外れる必要のない一般業務を恐れてはいけません。見積書、発注書、納品書、請求書からなる受発注書類や、守秘義務契約書、請負契約書等の契約書、後は特許出願の原案くらいは書けます。雛形をダウンロードして書いてみてください。論文を書いたことが、最高の文章作成トレーニングになっているはずです。

ハイテクの魅力

ハイテクの魅力はドラッカーも認めており、学歴の高い若者が無名の小企業で働こうと思う原因は、ハイテクの魅力であると分析しています[1)]。ハイテクに魅せられた人が、エクセルを方眼紙として扱うような職場で、平社員よりも多い上司たちのハンコを五つも六つも集めるような生活に耐えられるでしょうか[7)]。たとえベンチャーであってもハイテクスタートアップでなければメンバーのテクノロジーへの感度は低く、人数が少ない分、社内で声の大きな人の業務を守るようにテクノロジーは無視されるでしょう。ベンチャーという曖昧な日本語はあたかもハイテクスタートアップであるような印象を与えますが、実際にはローテクの中小企業がたくさん混入しており、むしろそちらのほうが多数派に見えます。ハイテクスタートアップを見分ける観点からも、理工系の人間は有利な位置にあります。会社名や技術者、研究者の氏名で論文を探せばよいのです[8)]。そこに書かれた以上の水準の技術や哲学は、その会社に存在しません。

体外資本中心事業の場合

知識やノウハウなど体内の資本を中心とした事業は、技術革新による環境変化が起きたタイミングで興しやすい事業です。起業して経営していくために必要な勉強をするために、もっとも適した事業といえます。しかしそれらの事業は文字どおり身体が資本となります。いつまで続けられるでしょうか。持続可能な発展のためには、どこかで体外資本中心事業への切り替えが必要と考えています。例えば、発明などの知的財産を中心に事業を計画していくということです。稼げる仕組みを作っていくわけですから、仕組みを完成させるためには自分ですべてをやり続けるわけにはいかないでしょう。そうなれば投資を受けることをはじめ、以前より多くの人の支援を受けなければなりません。支援を受けるためには、利益を提供する必要があります。私たちの事業は今ちょうどその切り替えに取り組んでおり、新しいエコシステムに触れながら進めています。そこではこれまでと異なって、貸借対照表や事業計画、企業価値評価といった将来の利益を説明するための共通言語が必要です[9)]。今回の更新がうまくいくのかはわかりませんが、更新し続ける生態系のなかで自己を更新し適応してきた生物と同じように、私たちも更新していかなくてはなりません。この理のうちにあってこそ「起業を成功させる知識とノウハウ」が成立すると考えています。

＊1　イノベーションの担い手として大学が期待される理由の一つに、アメリカでは大学の卒業生が母校の周囲にとどまって飲食店などの新しいビジネスを始め、地域活力の原動力となっていることがあげられます[10)]。ちょっと日本では考えられないですね。

＊2　特許出願については優れた納品物をいただき、ここでの出願はそれから数年間をかけて成立しました。

参考文献

1）P. ドラッカー 著，上田惇生 訳，“イノベーションと起業家精神〈上〉その原理と方法”，ダイヤモンド社（1997）.

2）内閣府，日本経済 2015-2016 の概要　http://www5.cao.go.jp/keizai3/2015/1228nk/15youyaku.pdf

3）N. Ogata, T. Kozaki, T. Yokoyama, T. Hata, K. Iwabuchi, Comparison between the Amount of Environmental Change and the Amount of Transcriptome Change, *PLoS One*, **10**(12), e0144822(2015), PMID: 26657512.

4）千葉大学ベンチャービジネスラボラトリー 編，“千葉大発 ベンチャービジネス実践論－熱きスピリッツとスキルを学ぶ－”，日刊工業新聞社（2015）.

5）L. アームストロング 著，B. バッソ 絵，佐和隆光 訳，“レモンをお金にかえる法”，河出書房新社（2005）.

6）C. アンダーソン 著，小林弘人 監修・解説，高橋則明 訳，“フリー〈無料〉からお金を生みだす新戦略”，NHK 出版（2009）.

7）V. ハーラン，R. ラップマン，P. シャータ 著，伊藤 勉，中村康二，深澤英隆，長谷川淳基，吉用宣二訳，“ヨーゼフ・ボイスの社会彫刻”，人智学出版社（1986）.

8）緒方法親，“バイオインフォマティクスを用いた研究開発のポイントと実例”，情報機構（2018）.

9) 磯崎哲也, “起業のファイナンス ベンチャーにとって一番大切なこと 増補改訂版”, 日本実業出版社 (2015).
10) J. D. ヴァンス 著, 関根光宏, 山田 文 訳, “ヒルビリー・エレジー アメリカの繁栄から取り残された白人たち”, 光文社 (2017).

緒方 法親（おがた のりちか）

1986年生まれ、東京都出身。東京農工大学大学院連合農学研究科生物生産科学専攻修了。博士（農学）。博士課程在学中にバイオインフォマティクスに出会う。細胞の薬剤応答を調べる際の理想濃度を定量的に求める方法を考案し特許を取得、株式会社日本バイオデータ設立。現在に至るまで生物データ解析サービスを提供している。研究のフィールドを情報に広げ、国際 Intelligent Computing 学会にて最高論文賞を受賞。現在は半導体製造技術を利用した医療機器の開発に取り組んでいる。

株式会社日本バイオデータ

各種生物系データおよび情報の研究・解析の受託やコンサルティングを行う会社として2013年に設立。個々のプロダクトは顧客の知的財産であって公表できないが、関連した論文やツール等の発表として、最近のものではゲノムアノテーションと遺伝子探索のためのツール（*Nat. Commun.*, PMID:29026079, https://github.com/Hikoyu/FATE）や、データから測定対象内部のネットワーク構造を推定するツール（https://github.com/shkonishi/cornet）などがある。ハードウェア事業領域では、人類がヒト、ゴリラに次いで高品質な哺乳類ゲノムを得るために計算機を開発した（https://arxiv.org/abs/1703.10231）。

千葉大学ベンチャービジネスラボラトリー
ベンチャービジネスの萌芽となる創造的な研究開発を推進するとともに、高度な専門的職業能力をもつ起業家精神豊かな人材の育成に力を注いでいる。
研究では、公募で採択されたVBL研究プロジェクトを主軸に、独創的で先端的な研究開発を遂行している。教育では、大学院生を対象に、「ベンチャービジネス論」「ベンチャービジネスマネージメント」「ベンチャービジネストレーニング（Ⅰ）」「ベンチャービジネストレーニング（Ⅱ）」の四つの講義を展開している。
ベンチャービジネスや新技術の創出につながるアイデアを募る「なのはなコンペ」は、外部団体の支援を得て実施し、注目を集めている。

理系のための ベンチャービジネス実践論

平成31年 3月30日 発 行

編 者 千葉大学ベンチャービジネスラボラトリー

発行者 池 田 和 博

発行所 丸善出版株式会社
〒101-0051 東京都千代田区神田神保町二丁目17番
編集：電話(03)3512-3265／FAX(03)3512-3272
営業：電話(03)3512-3256／FAX(03)3512-3270
https://www.maruzen-publishing.co.jp

組版印刷・株式会社 日本制作センター／製本・株式会社 星共社

ISBN 978-4-621-30378-8 C0040 Printed in Japan